Levin Keller

Aquaponik

Das Handbuch für Einsteiger

Levin Keller

AQUAPONIK

Das Handbuch für Einsteiger

Sachbuch

ISBN: 978-3-949926-01-3

Impressum

2022 © Kleinstadt Fachbuch- und Medienverlag

Text: Levin Keller

Umschlag: Sophia Hofmann

Verantwortlich für den Inhalt: Kleinstadt Fachbuch- und Medienverlag
info@kleinstadtfachbuch.de

Inhaltsverzeichnis

Aquaponische Systeme gibt es schon seit Tausenden von Jahren, aber erst in den letzten Jahrzehnten haben wir einen Anstieg dieser Systeme im privaten und kommerziellen Bereich erlebt.

Der Unterschied zwischen Aquaponik, Hydroponik und Aquakultur

Bei der Hydroponik werden Pflanzen in mineralreichem Wasser gezüchtet. Aquakultur ist der Prozess der Aufzucht von Wassertieren wie Schnecken, Fischen oder Garnelen. In der Aquaponik werden beide Methoden kombiniert, indem Wassertiere gezüchtet werden, die das für das Pflanzenwachstum notwendige mineralreiche Wasser produzieren. So entsteht eine symbiotische Umgebung, in der die Tiere die Pflanzen ernähren und die Pflanzen sauberes Wasser für die Tiere liefern.

Die Vorteile der Aquaponik

Die Aquaponik ist eine äußerst nachhaltige Methode für den Anbau eigener Kräuter und Gemüse. Sie verbraucht 90 % weniger Wasser als herkömmliche Anbaumethoden und nur ein Drittel der Energie. Sie ist 15 % produktiver, was den Platz angeht und da keine Düngemittel oder Chemikalien benötigt werden, ist sie von Natur aus biologisch. Ganz zu schweigen davon, dass die Methode in fast jedem Raum angewandt werden kann, sogar in Innenräumen, wenn sie mit Heizlampen betrieben wird. Da die Aquakultur mit wiederaufbereitetem Wasser betrieben wird, kann sie in Gebieten mit trockenem

Klima, schlechter Bodenqualität oder verunreinigtem Wasser eine wirtschaftlich sinnvolle Anbaumethode darstellen. Sie kann sogar das ganze Jahr über an Orten eingesetzt werden, an denen das Wetter zu kalt oder zu warm ist, um mit herkömmlichen Methoden Gemüse anzubauen.

So funktioniert die Aquaponik

Fische werden in großen Becken aufgezogen. Im Laufe der Zeit setzen sich diese Becken mit Exkrementen, nicht gefressenem Fischfutter und anderen tierischen Abfällen zu, die hohe Konzentrationen an Nährstoffen und Mineralien enthalten. Um diese Nährstoffe aus dem Wasser zu extrahieren (und die Wasserbecken sauber zu halten), werden die Ausscheidungen aus dem Becken in einen Flutbehälter gepumpt, wo sie mit mehr Wasser verdünnt werden. Der Flutbehälter wird dann in ein Wachstumsbeet geleert, in dem die Pflanzen das mineralreiche Wasser nutzen, während sie gleichzeitig zur Filterung des Wassers beitragen. Im Wasser werden Bakterien gezüchtet, die Ammoniak abbauen und in Nitrite und dann in Nitrate umwandeln. Dieses Wasser wird belüftet und dann in das Fischbecken zurückgeführt, wo es sauberes, klares Wasser liefert, das das Wachstum der Tiere unterstützt und den Prozess von neuem beginnt.

Notwendige Komponenten

Um mit einer eigenen aquaponischen Farm loszulegen, benötigen Sie die nachfolgenden Dinge:

Fischbecken

Je größer das Becken ist, desto besser für Einsteiger. Auf diese Weise können Sie Probleme, die im Laufe der Zeit auftreten, schneller beheben. Jedes Becken mit mehr als 250 Liter sollte ausreichen.

Medienbett (Anzuchtbett)

Viele private Systeme verwenden so genannte Medienbetten. Dabei handelt es sich im Wesentlichen um hydroponische Anzuchtbeete mit integrierter Aquaponik-Funktionalität.

Pumpen, Rohre und Tanks

Viele Medienbetten werden mit allem geliefert, was Sie zur Einrichtung Ihres Aquaponiksystems benötigen. Wenn Sie sich jedoch entscheiden, Ihr eigenes System von Grund auf zu bauen, müssen Sie möglicherweise auch die erforderlichen Pumpen, Rohre oder Tanks kaufen, um alles für den problemlosen Start einzurichten.

Aquaponik-Starterset

Für den nicht kommerziellen Anwendungsbereich gibt es mittlerweile eine große Auswahl an Komplettsets, die für den Einsteiger als beinhalten, was für den Einstieg in die Aquaponik notwendig ist. Dies ist insbesondere dann zu empfehlen, wenn man sich noch nicht sicher ist, ob die Aquaponik langfristig betrieben werden möchte oder um beispielsweise den Kindern das System näherzubringen. Für den Fall, dass diese Startersets mit der Zeit zu klein sind, kann der Umstieg auf ein größeres System mit dem nun gewonnen Wissen und Erfahrungen leichter vonstattengehen.

Sobald Sie Ihr eigenes Aquaponiksystem eingerichtet haben, müssen Sie Ihr System mit einer Methode starten, die als "fischlose Umstellung" bekannt ist. Dabei wird eine Bakterienbasis aufgebaut, bevor die Fische in die Becken gesetzt werden. Sie müssen die Ammoniak- und Nitritwerte messen (beide sollten unter 0,75 ppm liegen) und sicherstellen, dass im Aquarium genügend Sauerstoff vorhanden ist, bevor Sie die Fische einsetzen. Pflanzen können sofort in die Beete gesetzt werden, auch wenn es in den ersten Wochen der Umstellung eine Weile dauern kann, bis sie wachsen. Wenn Sie die Dinge etwas beschleunigen möchten, können Sie den Beeten flüssigen Seetang hinzufügen, damit sie schneller wachsen. Ein Liter pro 1100 Liter Wasser reicht aus.

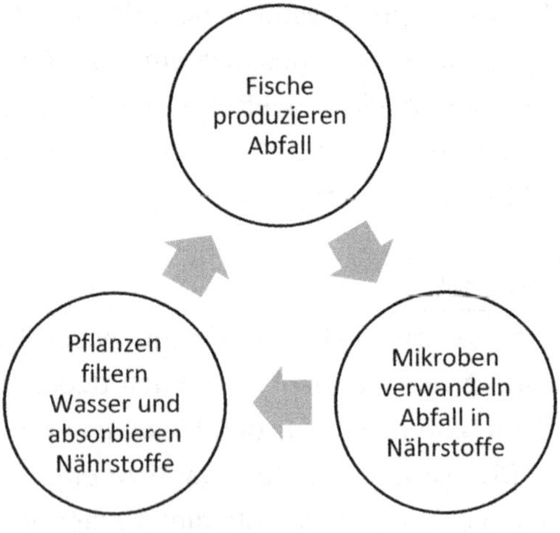

Die Aquaponik im Überblick

Zuerst war der Erdboden. Als die landwirtschaftliche Revolution etwa 10.000 v. Chr. stattfand, hörten die Menschen auf, als nomadische Jäger und Sammler durch die Landschaften zu ziehen und ließen sich stattdessen für längere Zeit an einem fixen Ort nieder, um das Land zu bewirtschaften und Nahrung anzubauen. Das magische Substrat im Zentrum des Ganzen? Der Erdboden.

Spulen wir nun ins 20. Jahrhundert vor. Eine weitere landwirtschaftliche Revolution, wenn auch vielleicht nicht so zukunftsträchtig als die vor 10.000 Jahren - Landwirte entwickelten eine neue Art des Nahrungsmittelanbaus - ohne Erde, sondern mit Wasser als Substrat.

Die Aquaponik wird seitdem als hocheffizientes, nachhaltiges und rentables Anbaumodell gepriesen, das das Potenzial hat, die Auswirkungen auf die Umwelt zu minimieren, Menschen in ärmeren Ländern eine umfangreiche Lebensmittelsicherheit und -zugänglichkeit zu bieten und ganze Gemeinden für das System zu begeistern, wodurch eine lokale Wirtschaft mit autarken Erzeugern und Konsumenten entsteht.

Was ist die Aquaponik?

Die Aquaponik bezieht sich auf ein integriertes Anbausystem, das sich die komplementären Eigenschaften von Fischen und Pflanzen zunutze macht. In einem aquaponischen System wachsen die Pflanzen im Wasser statt in der Erde - es handelt sich um Hydrokulturpflanzen.

Der Unterschied zwischen Hydroponik und Aquaponik besteht darin, dass bei letzterer auch Fische im selben Wasser wie die Pflanzen gehalten werden. Deshalb wird oft davon gesprochen, dass die Aquaponik eine Kombination aus der Hydroponik und der Aquakultur ist.

Die Aquaponik nutzt die symbiotische Beziehung zwischen Fischen und Pflanzen, um ein natürliches Ökosystem zu imitieren. Der Landwirt bzw. Anbauer füttert die Fische, die dann ihre Abfallprodukte ins Wasser ausscheiden. Diese Ausscheidungen wiederum ernähren die Pflanzen - sie wirken wie ein natürlicher Dünger und versorgen die Pflanzenwurzeln, die mit den Fischen im Wasser stehen, mit wichtigen Nährstoffen wie z. B. Stickstoff.

Schließlich erbringen die Pflanzen auch eine gute Leistung für die Fische, indem sie das Wasser von den Abfällen reinigen, die normalerweise zu giftigen Substanzen anschwellen würden, wenn sie nicht kontrolliert würden.

Auf diese Weise ist die Aquaponik ein in sich geschlossenes, integriertes Anbausystem mit geringem Aufwand und geringer Wartung. Wenn es richtig eingerichtet ist, kann es mit minimalen Eingriffen des Anbauers so gut wie von selbst laufen.

Im Vergleich zu konventionellen Anbaumethoden

Die Aquaponik bietet viele Vorteile gegenüber traditionellen Anbaumethoden, die Mutterboden erfordern. Die Fruchtbarkeit des Bodens nimmt mit jeder Ernte ab. Das bedeutet, dass Kompost oder Mineraldünger nachgedüngt werden müssen, um einen ausreichenden Nährstoffgehalt für ein optimales Pflanzenwachstum zu erhalten. Ein Aquaponiksystem umgeht dieses Problem - solange die Fische gefüttert werden, haben die Pflanzen eine konstante Nährstoffquelle aus deren Ausscheidungen.

Das Abfließen des Bodens ist ein echtes ökologisches Problem, da es die nahe gelegenen aquatischen Ökosysteme verändern und schädigen kann. Außerdem trägt er neben Erosion und Wind zum Verlust von Mutterboden bei, was die Bodenfruchtbarkeit im Laufe der Zeit beeinträchtigt. Wasser in aquaponischen Anbausystemen ist keine Ressource, die so sorgsam bewirtschaftet und geschützt werden muss wie der Mutterboden, um eine kontinuierliche Fruchtbarkeit zu gewährleisten.

Selbst die fleißigsten Landwirte können sich nicht immer von Unkraut befreien, dessen Sämlinge sich tief in den Boden eingegraben haben. Das Unkrautjäten beeinträchtigt nicht nur das Wachstum der Pflanzen, wenn es unkontrolliert bleibt, sondern verschlingt auch viel Zeit und Arbeit des Landwirts, was mit finanziellen Kosten verbunden ist. Ein Aquaponiksystem ist eine unkrautfreie Umgebung - keine Erde, keine versteckten Unkrautsamen, kein hartnäckiges Unkraut.

Die Aquaponik ähnelt anderen integrierten Anbausystemen wie

der silvopastoralen Agroforstwirtschaft, bei der Pflanzen und Wassertiere nebeneinander existieren und ihre Bedürfnisse gegenseitig ergänzen, so dass beide Seiten davon profitieren. Durch die Kombination zweier Systeme werden die Vorteile beider Systeme hervorgehoben, während die Nachteile der einzelnen Systeme ausgeglichen werden.

Vorteile und Bedeutung der Aquaponik

Geringe Umweltbelastung

Ein geschlossener Kreislauf bedeutet, dass weniger Betriebsmittel benötigt werden. In einem aquaponischen System sind beispielsweise kein Bewässerungssystem, keine Pestizide, Herbizide, Düngemittel oder teure Bodenbearbeitungsgeräte erforderlich. Die einzige Notwendigkeit ist die Energie für den Betrieb des Gewächshauses und für das Fischfutter.

Platzsparend

Die traditionelle Landwirtschaft findet auf einer horizontalen Achse statt, im Freien, mit viel notwendigem Platz zwischen den Pflanzen. Anbausysteme der Aquaponik benötigen nur einen Bruchteil des Platzes, der für den Anbau in der Erde benötigt wird. Erstens können die Pflanzen näher beieinander gepflanzt werden, weil sich die Wurzeln auf der Suche nach Nährstoffen nicht so weit ausbreiten müssen. Zweitens können aquaponische Systeme vertikal angelegt werden, was bis zu einer fünffachen Steigerung der Produktivität auf derselben Fläche führt.

Schnelles Wachstum

Pflanzen in der Aquaponik wachsen schneller als Pflanzen, die im Mutterboden wachsen. Das liegt daran, dass Nutzer der Aquaponik alle Umweltbedingungen genau kontrollieren können, damit sie perfekt auf die Pflanzen abgestimmt sind. Außerdem müssen die Pflanzen keine Energie für die Suche nach Wasser und Nährstoffen aufwenden, da diese direkt in der Lösung vorhanden sind, so dass die gesamte Energie der Pflanze in das Wachstum fließt.

Ganzjähriges Wachstum

Aquaponiksysteme können das ganze Jahr über betrieben werden, da sie nicht an die Jahreszeiten der Natur gebunden sind. Dies bringt den Landwirten erhebliche Einkommensvorteile, da sie sich ausschließlich auf die Premiumkulturen mit der höchsten Nachfrage konzentrieren können, ohne auf die nächste Saison warten zu müssen. Durch diese Produktionsstabilität lässt sich auch das Angebot leichter verwalten.

Verwertung statt Entsorgung

Nährstoffreiches Wasser, das andernfalls verschwendet worden wäre, wird in Aquaponiksystemen sinnvoll genutzt. Durch diese Wiederverwendung wird die Abfallproduktion des Systems reduziert, was es nachhaltiger und umweltfreundlicher macht, zumal stickstoffreiches Wasser schädliche Auswirkungen auf den Mutterboden haben kann, wenn es nicht ordnungsgemäß entsorgt wird. Bei der Aquaponik gibt es keine giftigen Abwässer.

Vielfältige Anbaumöglichkeiten

Im Allgemeinen eignet sich die Aquaponik gut für eine Vielzahl von Pflanzen. Die Aquaponik kann sowohl Pflanzen versorgen, die für ein optimales Wachstum eine hohe Nährstoffkonzentration benötigen, als auch solche, die nicht ganz so viele Nährstoffe brauchen. Der Schlüssel liegt darin, die Anlage in Bereiche mit hoher und niedriger Nährstoffkonzentration aufzuteilen und diese Pflanzen entsprechend zusammen anzupflanzen.

Auswahl der Pflanzen

Welche Pflanzen können Sie anbauen? Bei entsprechender Systemkonfiguration und gleichmäßiger Zufuhr und Ausgewogenheit der Nährstoffe können in Aquaponiksystemen erfolgreich Pflanzen angebaut werden. Die Auswahl der Pflanzen ist je nach persönlicher Vorliebe unbegrenzt. Es gibt jedoch einige Produktionsbeschränkungen; zum Beispiel können die meisten Knollen oder alle Pflanzen, die bei konventionellen Anbaumethoden unterirdisch angebaut werden, nicht erfolgreich in einem Aquaponiksystem angebaut werden. Blattgemüse und Salate werden erfolgreich in einem Aquaponiksystem angebaut. Das Floßsystem ist eine gängige Wahl für diese Gruppen, aber der Anbau ist in allen oben beschriebenen Pflanzensystemen möglich. Andere Gemüsesorten, einschließlich Fruchtpflanzen wie Tomaten, werden hauptsächlich in Beeten oder Eimersystemen angebaut und benötigen eine höhere Fischbiomasse, um die für Fruchtpflanzen erforderlichen Nährstoffe zu produzieren. Bei der Auswahl von Fruchtpflanzen oder Pflanzen mit längeren Wachstumszyklen vor der Ernte ist Erfahrung mit dem Betrieb des Aquaponiksystems von entscheidender Bedeutung.

Kräuter	Basilikum, Kamille, Petersilie, Lavendel, Echinacea
Mikrogemüse	Brunnenkresse, Sprossen, Rettichsprossen, Erbsensprossen
Blattgemüse	Kopfsalat, Grünkohl, Spinat, Rucola
Paprika	Süße Schoten, Chilis
Tomaten	Alle Formen und Größen
Kreuzblütengemüse	Blumenkohl, Pak Choi, Kohl, Brokkoli

Das sollte nicht angebaut werden

Gemüse, das saures oder alkalisches Wasser zum Gedeihen benötigt, da dies den Fischen im System schaden kann. Beispiele sind Blaubeeren (lieben saure Bedingungen) und Chrysanthemen (lieben alkalische Bedingungen).

Auch sollten alle Gemüse vermieden werden, die zu schnell wachsen oder eine sehr dichte Wurzelstruktur haben. Der Grund dafür ist, dass sie Ihr System zu ersticken drohen, weil sie zu viel Platz und Wasser beanspruchen. Ein Beispiel für diese Art von Pflanzen ist die Minze.

Auswahl der Fische

Die Auswahl der Fische hängt vom Standort des Betriebs ab, von der Empfindlichkeit der Fische und der Pflanzen gegenüber den Bestandteilen der Wasserqualität und schließlich davon, ob die Fische zum Verzehr oder für Nutzzwecke gezüchtet werden. Eine Reihe von Fischarten kann erfolgreich in einem Aquaponiksystem gezüchtet werden. Zu den Speisefischen gehören Warmwasserfische wie Tilapia (Oreochromis niloticus), Panzerwelse (Ictalurus punctatus), Blaubarsche (Lepomis macrochirus) und Streifenbarschhybriden (Morone saxatilis ' Morone chrysops). Wenn die Fische nicht zum Verzehr gezüchtet werden, sind Goldfische (Carassius auratus) oder Kois (Cyprinus rubrofuscus) eine ausgezeichnete Wahl, da sie in einem Aquaponiksystem sehr attraktiv sind. Bei der Auswahl von Fischen, die in einem Aquaponiksystem zur Ernährung gezüchtet werden sollen, sollten Sie auf Fische achten, die sich durch ein schnelles Wachstum, eine produktive Fortpflanzung und die Fähigkeit auszeichnen, schwankenden Umweltbedingungen standzuhalten. Es sollten Fische in Betracht gezogen werden, die in hohen Dichten gehalten werden können und handelsübliches Fischfutter problemlos annehmen. Die Fische müssen sich wohlfühlen und gesund sein, da sie die Nährstoffquelle für das Aquaponiksystem darstellen.

Bei der Auswahl der besten Fische für Ihr Aquaponiksystem müssen Sie den pH-Wert des Wassers berücksichtigen und ob Sie essbare oder nicht essbare Fische einsetzen wollen. Speisefische haben den Vorteil, dass sie auf den Märkten höhere Preise erzielen können und sich einer größeren Käufernachfrage erfreuen als nicht essbare Fische wie Goldfische und Kois.

Eine Innovation?

Aquaponik ist eine relativ neue Innovation im Bereich der Landwirtschaft. Alle Ökosysteme der Natur sind auf eine Symbiose zwischen Pflanzen und Tieren, Nährstoffkreisläufe und integrierte Systeme angewiesen, um zu gedeihen. Die Aquaponik ist die Nachahmung dieses biologischen Phänomens durch den Menschen, die viel weniger ressourcenintensiv und dennoch produktiver ist als herkömmliche Anbaumethoden auf Bodenbasis. Dieses System bietet eine einzigartige Gelegenheit, hyperlokale Gemeinschaften rund um Lebensmittel in städtischen Gebieten aufzubauen - durch die Schaffung einer lokalen Wirtschaft, von Arbeitsplätzen, Nahrungsmittelsicherheit und -zugang sowie von Bildung für die Einwohner vor Ort. Aquaponische Systeme haben das Potenzial, Lebensmittelwüsten zu beseitigen, Landwirte in Entwicklungsländern mit einem stabilen Einkommen zu unterstützen und die kollektiven Auswirkungen landwirtschaftlicher Aktivitäten auf den Planeten zu minimieren.

Alte Weisheiten für eine neue Lebensmittelproduktion

Lebensmittelproduktion und Ernährung bedürfen des Wandels und der Innovation. Aquaponik ist ein Lebensmittelproduktionssystem, das Aquakultur mit Hydroponik kombiniert. Dabei werden zwei Kulturen - Fische und Pflanzen - gleichzeitig produziert bzw. bewirtschaftet. Das System arbeitet nach dem Prinzip der Kreislaufwirtschaft, bei dem keine Ressource verschwendet werden soll. Es könnte mehr lokale, gesündere und ökologisch nachhaltige Fische und Pflanzen auf die Esstische der Menschen in aller Welt bringen.

Lebensmittelproduktion in Krisenzeiten

Die derzeitige Lebensmittelproduktion wird stark mit dem Klimawandel und dem Verlust der Artenvielfalt in Verbindung gebracht. Die Menschen müssen jedoch täglich essen. Viele Fragen rund um diese Themen gewinnen an Bedeutung:

- Wie können wir die Methanemissionen aus der Landwirtschaft reduzieren?
- Was wird passieren, wenn eine wachsende Weltbevölkerung mehr Fisch und Meeresfrüchte aus bereits erschöpften Beständen isst?
- Wie können wir eine Nahrungsmittelproduktion erreichen, die ein Gleichgewicht zwischen den Bedürfnissen und dem Wohlergehen der Menschen und denen des Planeten schafft?

Überfischung und illegale Fangtätigkeiten sind in verschiedenen

Regionen der Welt ein ernstes Problem. Umgekehrt wird oft die konventionelle Aquakultur vorgeschlagen, um den Nahrungsmittelbedarf der wachsenden Weltbevölkerung zu decken. Doch auch konventionelle Modelle haben ihre Tücken, wie z. B. Nährstoffemissionen, die die umliegenden Ökosysteme zerstören.

Die Verschmutzung durch die Industrie und die Plastikabfälle, die in den Ökosystemen weltweit zu finden sind, bedrohen die Gesundheit und Sicherheit der Lebensmittel aller Bürger. Der Klimawandel zwingt die Lebensmittelproduktion und -systeme dazu, widerstandsfähiger, innovativer und anpassungsfähiger zu werden.

Neue (und alte) Konzepte auf dem Vormarsch

Aquaponik kombiniert Aquakultur mit Hydroponik (Pflanzenproduktion ohne Muttererde). Bei dieser Lebensmittelproduktion werden Fische und Pflanzen in einem integrierten und symbiotischen System kombiniert. Aquaponik ist ein System, das im Rahmen der Kreislaufwirtschaft funktioniert, die darauf abzielt, alles zu nutzen und nichts zu verschwenden.

Das Hauptziel von der Aquaponik ist die Erzeugung von Pflanzenwachstum durch die Verwendung von Abfällen der Nutzfische. Bei der Aquaponik werden also die Fischabfälle als Dünger für die Pflanzen verwendet, während die Pflanzen das Wasser für die Fische reinigen. Die Pflanzen profitieren von der Existenz der Fische und andersherum. Das System schafft eine symbiotische und vorteilhafte Beziehung zwischen den beiden Akteuren.

Das Konzept der Aquaponik ist dabei schon uralt. Man weiß, dass es bereits im frühen China und im Aztekenreich ohne moderne Wissenschaft und Technologie zur Erzeugung einer Vielzahl von Lebensmitteln verwendet wurde. Das Konzept folgt und ahmt die Zyklen nach, die in der wilden Natur ablaufen.

In der Hauptstadt Mexikos gibt es eine schwimmende Insel namens "Chinampa". Mexiko-Stadt diente in der präkolumbianischen Ära als Hauptstadt der Azteken, Tenoctitlan. Chinampa nutzt die Kreislaufwirtschaft, um Lebensmittel für eine der am dichtesten besiedelten Städte der Erde zu produzieren und wurde von der Ernährungs- und Landwirtschaftsorganisation der Vereinten Nationen zum landwirtschaftlichen Kulturerbe erklärt.

Das uralte Konzept, das schon die Azteken kannten, erregt heute weltweit Aufsehen, da es eine effiziente Ressourcennutzung ermöglicht und die Entstehung von Abfall vermeidet. Die konventionelle Lebensmittelproduktion beruht häufig auf einer linearen Wirtschaft, bei der die Abfälle am Ende einfach entsorgt werden.

Die Aquaponik als Kreislaufmethode hat ihre Vorteile. Einer der Hauptvorteile der Aquaponik liegt in der Fähigkeit, Wasser zu sparen, da das System das Wasser recycelt, um es immer wieder zu verwenden. Folglich kann der Erzeuger durch den Einsatz von Aquaponik nur 10 % der Wasserressourcen im Vergleich zu konventionellen Methoden der Lebensmittelproduktion verbrauchen.

Ein weiterer großer Vorteil des geschlossenen Systems besteht darin, dass es keine Abfälle erzeugt, eines der Hauptprobleme der Lebensmittelproduktion. Bei der Aquaponik nutzen die Pflanzen die Fischabfälle als Dünger, so dass das System sowohl ökologische als auch wirtschaftliche Vorteile mit sich bringt. Herkömmliche lineare Systeme, bei denen die Fischabfälle in die Umwelt entsorgt werden, nutzen das darin enthaltene Nährstoffpotenzial nicht.

Viele Ziele auf einmal angehen

Dank moderner Wissenschaft und Technologie kann die Aquaponik in verschiedene Größen skaliert und an verschiedenen Orten aufgestellt werden - unter anderem auf Dächern, Balkonen und in Kellern. Die vertikale Landwirtschaft zielt auf eine effizientere Flächennutzung ab, was in einer Zeit, in der die Wiederherstellung von Flächen für gesündere Ökosysteme notwendig ist, sehr wichtig ist.

Aquaponik kann daher die Lebensmittelproduktion in Städten und an Orten ohne Zugang zu natürlichen Böden oder Gewässern ermöglichen. Da das geschlossene System von der wilden Natur getrennt werden kann, ist die Wahrscheinlichkeit geringer, dass die Lebensmittel Verschmutzungen oder unerwarteten Klimabedingungen ausgesetzt sind, die draußen auftreten.

Das System kann nicht nur ökologische und gesundheitliche, sondern auch sozioökonomische Vorteile mit sich bringen. Die Aquaponik fördert nachhaltige lokale Lebensmittelsysteme und -produktionen, die lokale Gemeinschaften, Arbeitsplätze, Volkswirtschaften und Lebensgrundlagen unterstützen.

Folglich ist die Aquaponik ein Beispiel für eine Innovation und eine Chance für die Welt, mehrere Ziele der nachhaltigen Entwicklung gleichzeitig zu erreichen.

WIE AQUAKULTUR UND HYDROPONIK ZUSAMMENARBEITEN

Aquaponik ist, wie bereits erwähnt, eine Kombination aus Aquakultur und Hydroponik. Die Hydroponik als eigenständiges landwirtschaftliches System erfordert nicht nur, dass die Pflanzen mit einer großen Menge teurer Nährstoffe gefüttert werden, sondern auch, dass das Hydroponiksystem regelmäßig gespült wird. Diese regelmäßige Spülung ist in der Regel mit der Frage der Abfallentsorgung verbunden. Bei der Aquakultur hingegen müssen überschüssige Nährstoffe ständig aus dem System entfernt werden, was bedeutet, dass das nährstoffreiche Wasser täglich durch frisches Wasser ersetzt werden muss.

Ein aquaponisches System nimmt diese beiden individuellen Mängel auf und kombiniert sie, um zu gedeihen. Dabei speist das Aquakultursystem das Hydrokultursystem mit nährstoffreichem Wasser, und während dieses Prozesses bauen nitrifizierende Bakterien im Hydrokultursystem die Nährstoffe im Wasser zunächst zu Nitraten ab, die anschließend von den Nährstoffen als Pflanzen genutzt werden. Das nun nährstofffreie Wasser wird dann wieder in die Aquakulturanlage zurückgeführt.

Der aquaponische Zyklus

Beim Aquaponikzyklus werden die Pflanzen auf dem Anzuchtbeet gepflanzt und die Fische im Fischtank untergebracht. Die Größe des Anzuchtbeetes und des Fischtanks hängt natürlich vom Zweck des Aquaponiksystems ab - ob es für private oder kommerzielle Zwecke genutzt wird. Es gibt fünf Hauptbestandteile des Aquaponiksystems. Das sind Wasser, Licht, Futter für die Fische und andere Wassertiere, Strom zum Pumpen und Filtern des Wassers und natürlich Sauerstoff.
Sobald die Fische in das Becken gesetzt werden, beginnt der Kreislauf. Das Futter wird an Fische und andere Wassertiere verfüttert, damit sie gesund wachsen können. Nach dem Fressen scheiden die Fische Abfall aus. Ihre Ausscheidungen enthalten Ammoniak, das von den Pflanzen nicht aufgenommen werden kann. Außerdem kann ein Überschuss an Ammoniak im Aquarium für Fische und andere Wassertiere gefährlich werden.

Dieses mit Ammoniak angereicherte Wasser wird dann in das Pflanzbeet direkt unter den Pflanzen geleitet. Wenn das Wasser in das Beet gelangt, bauen Bakterien im Boden das in den Fischausscheidungen enthaltene Ammoniak zu Nitriten und dann weiter zu Nitraten ab. Diese Nitrate werden dann zusammen mit Wurmkompost - einer umgewandelten Version fester Fischausscheidungen - von den Pflanzen aufgenommen und sorgen für ein gesundes Wachstum.

Durch die Umwandlung und Absorption von Ammoniak und Nährstoffen aus dem Wasser wird das Wasser nun sauber und frisch genug, damit die Fische darin gedeihen können.

Strom wird verwendet, um das Wasser in den Fischtank zu pumpen und aus ihm herauszuholen, und wird auch verwendet, um das Wasser zu filtern, wenn es das Zuchtbett verlässt. Bevor das Wasser aus dem Wachstumsbeet zurück in den Fischtank geleitet wird, wird es mit Sauerstoff angereichert, um die Fische mit Sauerstoff zu versorgen.

Das frische, gefilterte und mit Sauerstoff angereicherte Wasser wird dann wieder in das Fischbecken geleitet, wo der Kreislauf von neuem beginnt.

Es ist wichtig, dass der Bereich, in dem sich das Aquaponiksystem befindet, dem Sonnenlicht ausgesetzt oder ausreichend beleuchtet ist, da die Pflanzen zum Wachsen Licht benötigen.

Systemaufbau und Komponenten

Der Einsatz alternativer landwirtschaftlicher Methoden zur Erzeugung von Lebensmitteln für den Familienverbrauch oder zur Erzielung von Einkommen hat an Interesse gewonnen, da in den letzten Jahren Bedenken hinsichtlich der Lebensmittelsicherheit bei kommerziell angebauten Produkten aufgekommen sind, der erforderliche Platzbedarf geringer ist und sich die Produktionsfaktoren leichter regulieren lassen. Eine immer beliebtere alternative Methode ist die Aquaponik, die frisches Gemüse und gesundes Fischprotein liefert. Nun befassen wir uns mit den verschiedenen Komponenten eines Aquaponiksystems, ihrem Zweck und den Mechanismen, die das System miteinander verbinden und einen ordnungsgemäßen Betrieb ermöglichen. Die nachstehenden Informationen bieten einen Einblick in die verschiedenen Komponenten eines aquaponischen Systems sowie in die Funktionsweise und Bedeutung der einzelnen Komponenten für den effizienten Betrieb eines Systems.

Systemeinführung

Wie funktioniert ein aquaponisches System? Zunächst werden die Fische in Becken gezüchtet und mit einem geeigneten Fischfutter gefüttert, das dem System zunächst Stickstoff zuführt. Die Fische wiederum nehmen das Futter auf, wodurch die Verarbeitung oder der Abbau der Nahrung zu Proteinen für die Fleischproduktion beginnt. Bei der Verdauung und Zersetzung des Futters entstehen Abfälle, die von den Fischen ausgeschieden werden und in das Wasser gelangen, das durch das System zirkuliert. Die Abfälle werden in den Filter geleitet, wo die Feststoffe aufgefangen werden und Bakterien vorhanden sind, die die Nitrifikation ermöglichen. Nitrifikation ist der Prozess, bei dem Ammoniak (NH4) durch bestimmte nützliche Bakterien, die im Filter und im gesamten Aquaponiksystem gezüchtet werden, in Nitrit (NO2) und dann in Nitrat (NO3) umgewandelt wird. Das nährstoffreiche Wasser verlässt den Filter und wird an die Pflanzen abgegeben und dient als Dünger. Während die Pflanzen die Nährstoffe aus dem rezirkulierten Wasser aufnehmen, verlässt sauberes Wasser den Pflanzenanbaubereich und fließt zurück in den Fischtank. Diese Prozesse sind in ihrer Kombination Teil des integrierten Designs eines aquaponischen Systems.

Nutzungs- und Konstruktionsprinzipien: Fischtank

Das Fischbecken ist für die Fischzucht unerlässlich und sollte groß genug sein, damit die Fische gedeihen und wachsen können. Die Fische müssen sich in dem Becken wohlfühlen und stressfrei sein, damit das System effizient funktioniert. Kriterien für Fischtanks sind u. a., ob es sich um einen neuen oder gebrauchten Behälter handelt, das verwendete Material sowie die Größe und Form des Tanks. Oft ist es kostengünstig, einen recycelten Tank in einem Aquaponiksystem zu verwenden; allerdings ist die bisherige Nutzung des Tankbehälters ein wichtiges Wissen. So sind beispielsweise Flüssigkeitsbehälter von Flüssigkeitstransporteuren nützlich - wenn in diesem Behälter jedoch ursprünglich schädliche Chemikalien oder andere für Fische schädliche Stoffe gelagert wurden, sollte er entsorgt oder für andere Zwecke verwendet werden.

Zu den zuverlässigen Materialien, die bei der Herstellung von Fischtanks verwendet werden, gehören Polypropylen, hochdichtes Polyethylen und Glasfaser für vorgefertigte Tanks und PVC- oder EPDM-Auskleidungsmaterial für selbstgebaute Behälter. In der Regel entscheidet das Budget über die Wahl des Materials für Fischtanks. Mit einer angemessenen Vorausplanung kann man jedoch ein vernünftiges Becken auswählen. Die Größe des Tanks hängt von einigen Faktoren ab:

- Die Gesamtfläche, die für das System vorgesehen ist
- dem Hauptzweck (Fisch- oder Pflanzenproduktion), und
- der Beschaffenheit des Tanks (vorgeformt oder Montage erforderlich)

Berücksichtigen Sie auch die Form des Beckens, da das Beckenprofil die Wasserzirkulation im Becken reguliert und so eine effiziente Abfallbeseitigung und eine gute Wasserqualität im Aquarium ermöglicht, die einen geeigneten Lebensraum für die Fischproduktion bietet.

Nutzungs- und Konstruktionsprinzipien: Wasserfiltration

Die Dimensionierung und Auslegung der Wasserfilterung ist für ein produktives Aquaponiksystem von entscheidender Bedeutung. Die Filtration ist sowohl für die Entfernung von Feststoffen (mechanisch) als auch für die bakterielle Umwandlung (biologisch) von Abfallprodukten, die von den Fischen erzeugt werden, in essentielle Nährstoffe, die von den Pflanzen für ihre Entwicklung benötigt werden, entscheidend. Bei der mechanischen Filtration werden in erster Linie alle sichtbaren Feststoffe in der Wassersäule gefiltert und entfernt. Zu den Feststoffen in der Wassersäule gehören Fischfäkalien, nicht gefressenes Futter, schwebende Bakterienkolonien und anderes anorganisches Material. Feststoffe werden sofort durch Absetzen aus dem System entfernt, da sie eine zusätzliche Belastung für die Filteranlage darstellen. Verbleiben beispielsweise Feststoffe im System, beginnen heterotrophe Bakterien, sich anzusiedeln und Feststoffe abzubauen. Wenn der Abbau der Feststoffe beginnt, verbrauchen die Bakterien gelösten Sauerstoff aus dem System, während sie Ammoniak produzieren. Höhere Ammoniakkonzentrationen in Verbindung mit einem geringeren Gehalt an gelöstem Sauerstoff im Wasser erfordern, dass die nützliche Gemeinschaft der nitrifizierenden Bakterien mehr Energie aufwendet, um Ammoniak in Nitrat umzuwandeln. Nitrat ist die Form des Stickstoffs, die von den Pflanzen leichter aufgenommen werden kann.

Es gibt zwei Ansätze für die mechanische Filterung in einem Aquaponiksystem. Die eine ist passiv, wobei das Wasser durch die Schwerkraft durch den Filter fließt. Die andere ist aktiv, wobei die Wasserpumpe das Wasser durch den Filter drückt. Ein Vorteil der passiven Filtration besteht darin, dass die Feststoffe unversehrt in die Filtereinheit gelangen, so dass die größeren Feststoffe schnell aufgefangen werden. Ein Nachteil ist jedoch die sorgfältige Planung und ständige Anpassung, die erforderlich ist, um sicherzustellen, dass der richtige Durchfluss mit der Schwerkraft aufrechterhalten wird, um das Wasser sauber zu halten.

Sobald die Feststoffe entfernt sind, ist eine biologische Filterung mit einem belüfteten Mischbett erforderlich, um schädliches Ammoniak und Nitrit in weniger giftiges (für Fische) Nitrat umzuwandeln, das ein wichtiger Nährstoff für das Pflanzenwachstum ist. Die meisten Biofilter sind einfach zu konstruieren und sehr effizient, ohne dass große Investitionen erforderlich sind.

Für die Einrichtung eines produktiven Biofilters sind drei wesentliche Voraussetzungen erforderlich: Wasserdurchfluss, Oberfläche und gelöster Sauerstoff. Ein ausreichender Wasserdurchfluss transportiert gelöste Abfälle in den Biofilter. Während das Wasser durch das Medienbett fließt, wandeln nitrifizierende Bakterien Ammoniak und Nitrit in Nitrat um. Dieser Umwandlungsprozess wird als Nitrifikation bezeichnet und ist für den korrekten Betrieb des Systems entscheidend. Als Medien im Biofilter können verschiedene Substrate dienen. Die meisten Filter sind jedoch mit leichten Kunststoffen gefüllt, die in verschiedenen Größen und Formen erhältlich sind. Das Filtermedium bietet den nitrifizierenden Bakterien eine Oberfläche, an der sie sich in der Filtereinheit festsetzen können. Die umgewandelten Abfälle werden dann zu den notwendigen Nährstoffen, die von den Pflanzen aufgenommen werden können. Die letzte Voraussetzung für eine ordnungsgemäße Biofiltration ist ein angemessener Gehalt an gelöstem Sauerstoff, der im gesamten Biofilter verteilt ist, um die Stickstoffumwandlung durch die Bakterien zu unterstützen. Diese Bakterien verbrauchen Sauerstoff und wenn der Gehalt an gelöstem Sauerstoff unter einen Mindestwert von 6 mg/L fällt, kann es zu Störungen bei der Ammoniakumwandlung und zur Bildung von Zonen im Medienbett kommen, in denen kein Sauerstoff vorhanden ist (d. h. tote Zonen).

Nutzungs- und Konstruktionsprinzipien: Wasserbewegung und Belüftung

Es ist wichtig, für einen angemessenen Wasserfluss zu sorgen, um die Abfälle zur Filteranlage und das nährstoffreiche Wasser zum Pflanzensystem zu transportieren. Die Lösung ist eine richtig dimensionierte Wasserpumpe, die diesen Bedarf an Wasserzirkulation erfüllt. Eine Wasserpumpe kann entweder eingetaucht oder in die Leitung eingebaut werden. Beide Pumpen sorgen für einen effizienten Wasserfluss, und die Entscheidung für eine der beiden Varianten liegt hauptsächlich beim Anlagenbesitzer. Tauchpumpen sind so konzipiert, dass sie in das Aquarium eingetaucht werden können, und werden häufig in kleineren Anlagen verwendet, in denen keine Erfahrung mit Rohrleitungen erforderlich ist. Um die Lebensdauer der Pumpe zu verlängern, sollten Sie eine Tauchpumpe kaufen und verwenden, die für den Dauerbetrieb ausgelegt ist. Eine Inline-Pumpe befindet sich außerhalb des Beckens und wird in das System eingebaut. Der Einbau einer Inline-Pumpe ist etwas schwieriger, aber Inline-Pumpen sind relativ effizient bei der Beförderung von Wasser durch das System. Inline-Pumpen sind in der Regel leistungsstärker und werden hauptsächlich in größeren Systemen eingesetzt, in denen die Verrohrung des Systems wesentlich komplizierter ist.

Die Belüftung in aquaponischen Systemen ist entscheidend für die Bereitstellung von ausreichend gelöstem Sauerstoff für das Überleben der Fische, von nützlichen Bakterien in der Filtereinheit und von geeigneten Werten für das Pflanzenwachstum. Das Belüftungssystem besteht aus einer Luftpumpe, die komprimierte Luft erzeugt, Schläuchen, die die komprimierte Luft zum Boden des Beckens befördern und Luftsteinen, die Luft in das System einblasen. Ähnlich wie bei der Wasserströmung ist es wichtig, das Belüftungssystem genau zu dimensionieren, um einen ausreichenden Gehalt an gelöstem Sauerstoff im gesamten Aquaponiksystem zu gewährleisten. Die Belüftung sorgt auch für eine Wasserbewegung in der Anlage, die dazu beiträgt, dass

Schwebstoffe in das Filtersystem gelangen.

Pflanzensysteme

Der produktivste Teil einer Aquaponik-Anlage ist das Pflanzensystem, in dem das ausgewählte Gemüse geerntet wird. Die Samen keimen in Rockwool und die Pflanzen können in einer kleinen Grow-Einheit ein lebensfähiges Wurzelsystem bilden. Eine Vielzahl von Pflanzensystemen kann in einer Aquaponik-Anlage erfolgreich betrieben werden. Welches Pflanzensystem gewählt wird, hängt von der Art der Produktion ab, die für die angebaute Pflanze geeignet ist.

Tiefwasser-System

Das Tiefwasser- oder Tiefenkultur-System ist wahrscheinlich das beliebteste System für schnell wachsende Pflanzen mit kurzer Lebensdauer, die als ganze Pflanze geerntet werden. Die Konstruktion ist einfach und besteht aus einem Trog mit einer Wassertiefe von etwa 15 bis 20 cm und einer Breite von 120 bis 240 cm, der bis zu 30 m lang sein kann.

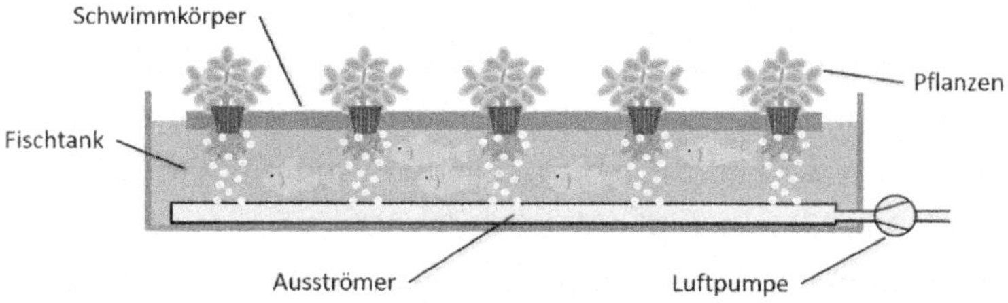

Die Breite beträgt oft nicht mehr als 240 cm, da die Pflanzen täglich auf Schädlinge und Krankheiten untersucht werden sollten. Nährstoffreiches, sauerstoffreiches Wasser wird an einem Ende des Systems verteilt, fließt durch den Trog und verlässt das System am anderen Ende. Ist die Rinne länger als 760 cm, können die Wassereinlässe in bestimmten Abständen angeordnet werden, um sicherzustellen, dass der Nährstoffgehalt im gesamten Beet ausreichend ist. Außerdem kann eine zusätzliche Belüftung vorgenommen werden, um einen ausreichenden Gehalt an gelöstem Sauerstoff für eine erfolgreiche Ernte zu gewährleisten.

Ebbe-Flut-System

Das Ebbe-Flut-System ist wahrscheinlich das vielfältigste Pflanzensystem, das sich für eine Aquaponik-Anlage eignet. Bei diesem System kann zum Beispiel schnell wachsender Salat neben lang wachsenden, fruchttragenden Tomaten wachsen. Das Ebbe-Flut-System ist ebenfalls weit verbreitet, da die Pflanzen in einem Medium wachsen, das den Boden nachahmt und eine zusätzliche strukturelle Unterstützung bietet. Das Medium besteht in der Regel aus einem Substrat (z. B. Ton), das in eine bestimmte Form gebracht wird, oder aus einem inerten porösen Material, das leicht abfließt. Das System funktioniert, indem nährstoffreiches Wasser langsam in die Schale eingelassen wird und sich bis zu einem bestimmten Niveau füllt. Mit einem "Glockensiphon" wird das Wasser automatisch aus dem System abgesaugt, bis der Behälter fast leer ist. Sobald das Wasser den Boden des Siphons erreicht, wird der Prozess durch Luft unterbrochen und die Schale beginnt sich wieder zu füllen. Dieser Flutungs-/Entleerungsprozess kann gesteuert werden und eine bestimmte Anzahl von Malen pro Tag ablaufen. Ein

Unterschied bei diesem System besteht darin, dass ein ausreichender Gehalt an gelöstem Sauerstoff im einströmenden Wasser nicht so wichtig ist, da die Pflanzenwurzelzonen beim Entleeren der Schale wieder belüftet werden.

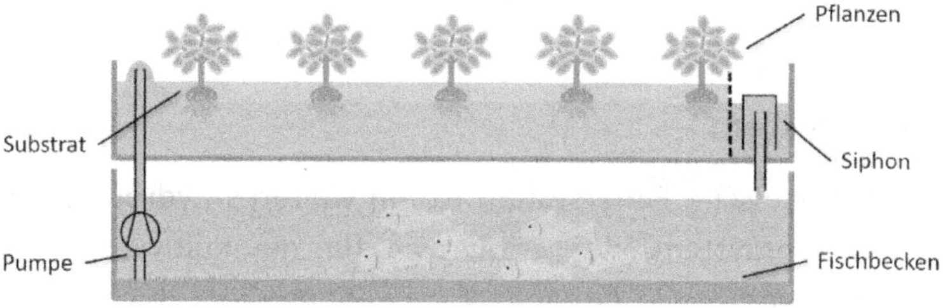

Nährstofffilm-Technologie

Das an die Aquaponik angepasste „Nutrient Film Technology" (NFT)-System bietet Vielseitigkeit für Pflanzen mit schnellem und langem Wachstumszyklus. Das eigentliche NFT-System wird in der Hydroponik-Industrie ausgiebig verwendet und ist sehr produktiv. Das traditionelle NFT-System wird für den Einsatz in einer Aquaponik-Anlage angepasst.

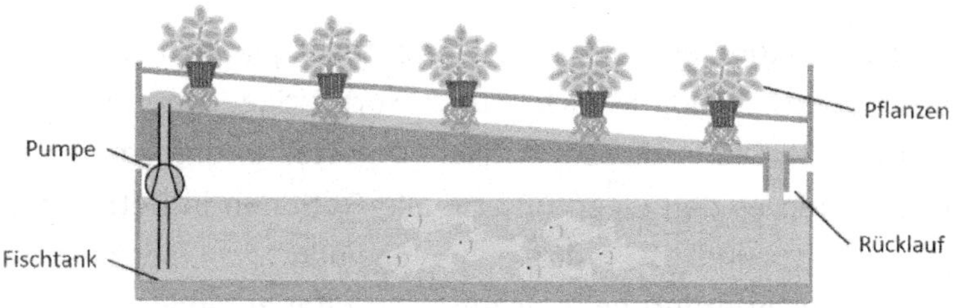

Zu diesen Anpassungen gehört das Ersetzen von Rohren mit kleinerem Durchmesser durch Rohre mit größerem Durchmesser, da das übermäßige Bakterienwachstum die Rohre mit kleinerem Durchmesser verstopft. Außerdem können PVC-Rohre mit großem Durchmesser (10 und 12 cm) als Kanäle anstelle von teurem, im Handel erhältlichem Kanalmaterial für den Pflanzenanbau verwendet werden.

Eimersystem

Das holländische Eimersystem ist ein weiteres hydroponisches Produktionssystem, das erfolgreich für die Kultivierung von Weinberggemüse in Aquaponik verwendet wird, obwohl es für den Anbau jedes Gemüses verwendet werden kann. Nährstoffhaltiges Wasser wird in den Eimer geleitet und sickert durch ein Medium, das die Pflanzenwurzeln umgibt, oder durch Fluten von unten. Die Pflanzen nehmen die Nährstoffe auf, während das Wasser an der Wurzelstruktur vorbeifließt. Das Wasser verlässt den Eimer durch einen Abfluss am Boden des Eimers. Das Wasser staut sich nicht und füllt den Eimer nicht, so dass das Wurzelsystem der Pflanzen auch bei kontinuierlichem Durchfluss belüftet bleibt.

Um ein funktionierendes und effizientes Aquaponiksystem zu konstruieren, sind Einsicht und sorgfältige Überlegungen erforderlich. Die in diesem Artikel vorgestellten Informationen ermöglichen es den Eigentümern, alle Optionen in Betracht zu ziehen und ihre eigenen spezifischen Produktionsanforderungen anzupassen oder zu ändern. Es gibt spezifische Anforderungen an die Ausrüstung, die erforderlich sind, um ein gesundes Umfeld sowohl für die Fische als auch für die Pflanzen zu schaffen. In dieser Publikation wird beschrieben, was erforderlich ist und es wird erläutert, warum diese Komponenten für ein produktives Aquaponiksystem unerlässlich sind.

Das Medienbett (Anzuchtbett)

Das Medienbett ist eine der beliebtesten Methoden für den Heimanbau von kleinen Aquaponiksystemen. Das Design hat niedrige Anschaffungskosten, ist platzsparend und wird für Einsteiger empfohlen, da es einfach einzurichten und zu warten ist. Wenn Sie ein medienbasiertes Aquaponiksystem einrichten möchten, ist das Anzuchtbett eines der wichtigsten Elemente, die Sie berücksichtigen müssen.

Das richtige Anzuchtbeet für Ihr medienbasiertes System ist entscheidend für den Erfolg Ihres Systems, da es eine der Hauptkomponenten eines medienbasierten Aquaponiksystems ist. Es ist die Grundlage Ihres medienbasierten Systems und der Ort, an dem die Pflanzen angebaut und gepflegt werden. In diesem Kapitel werden die notwendigen Faktoren erörtert, die Sie bei der Auswahl des richtigen Anzuchtbetts für Ihr medienbasiertes Aquaponiksystem berücksichtigen müssen.

Die Bedeutung eines Anzuchtbetts

Das Anzuchtbeet ist der Behälter für das Wasser, die Medien und die Pflanzen Ihres Systems. Es ist der Ort, an dem Ihre Pflanzen gezüchtet und genährt werden. Das Anzuchtbeet ist ein eigenständiges Ökosystem, genau wie das Fischbecken. Da es mit Nährboden gefüllt ist, wirkt es wie ein Biofilter, in dem sich die Fischabfälle zersetzen, während sie das Nährbodensystem durchlaufen.

Hier wachsen auch die Bakterien, die die Fischabfälle in Nährstoffe umwandeln, die dann für die Pflanzen zur Verfügung stehen und gedeihen. Wenn das Wasser in das Anzuchtbeet fließt, nehmen die Pflanzen die Nährstoffe auf, bevor das Wasser sauber und bereit für den nächsten Zyklus in den Fischtank zurückkehrt.

Beziehung zwischen Anzuchtbeet und Fischtank

Ihr Anzuchtbeet sollte die richtige Größe für Ihr Aquaponiksystem haben. Die Maße Ihres Aquariums und die Größe Ihres Anzuchtbeetes sollten im Verhältnis zueinanderstehen. Denn die Menge der Fischabfälle bestimmt, wie viele Pflanzen Sie in Ihrem Anzuchtbeet anbauen können und wie sie gedeihen werden.

Zu viele Fische oder die Menge des Fischfutters führen zu einem Überschuss an Ammoniak und Nitraten. Wenn Ihr Nährboden nicht ausreichend ist, wird dieser Überschuss das Wasser für die Fische langsam vergiften. Wenn es zu wenig Fische gibt, haben Sie nicht genügend Nährstoffe für Ihre Pflanzen. Für ein erfolgreiches Aquaponiksystem müssen Sie also das beste Verhältnis zwischen dem Anzuchtbeet und dem Fischtank kennen. Ein stabiles Verhältnis zwischen der Menge der Fischabfälle und der Nahrung sorgt für ein erfolgreiches System.

Dinge, die bei der Wahl des richtigen Anzuchtbeetes zu beachten sind

Wenn Sie Einsteiger in der Aquaponik sind, sollten Sie mit einem Verhältnis von 1:1 zwischen Anzuchtbeet und Fischtank beginnen. Das bedeutet, dass das gesamte Volumen Ihres Anzuchtbeetes der Menge Ihres Fischtanks entspricht. Dies gewährleistet eine ausreichende Filterung. Sobald Ihr System eingerichtet ist und Sie sich mit der Aquaponik auskennen, können Sie Ihr System problemlos erweitern.

- Wählen Sie ein Anzuchtbett aus lebensmittelechten und ungiftigen Materialien.
- Das Anzuchtbett muss dick und stabil genug sein, um das Gewicht der Nährböden, der Pflanzen und die Kraft des ständigen Ablassens und Auffüllens von Wasser zu tragen.
- Vermeiden Sie Anzuchtbetten mit metallischen Stoffen, da diese schnell korrodieren, was den pH-Wert Ihres Aquaponiksystems beeinträchtigen kann.
- Das Anzuchtbeet sollte tief genug sein, um das Wurzelsystem einer Vielzahl von Pflanzen aufzunehmen.
- Vergewissern Sie sich, dass das von Ihnen gewählte Anzuchtbett wasserdicht ist, damit kein Wasser aus Ihrem System entweicht.

Die drei Zonen des aquaponischen Anzuchtbetts verstehen

Die Wachstumsbetten in einem medienbasierten Aquaponiksystem haben drei Wachstumsbettzonen. Diese Zonen haben eine wichtige Funktion in Ihrem Aquaponiksystem. Es ist ratsam, die Bedeutung der einzelnen Zonen zu kennen, da dies Ihnen hilft, die richtige Größe und Tiefe des Anzuchtbetts für Ihr System zu bestimmen.

Zone 1 - Die Oberflächen- bzw. Trockenzone

Die Oberflächen- oder Trockenzone befindet sich in den ersten 5 cm des Anzuchtbeetes. Diese Bereiche müssen trocken gehalten werden, um Verdunstung zu verhindern und die Pflanzenbasis vor Kragenfäule zu schützen. Wenn dieser

Bereich trocken gehalten wird, verhindert dies auch das Algenwachstum auf der Oberfläche des Nährbodens und feuchtigkeitsbedingte Krankheiten wie Mehltau.

Zone 2 - Die Wurzelzone

Die Wurzelzone ist der Bereich, der zwischen 15 und 20 cm tief in Ihr Anzuchtbeet eindringt und ständig überflutet und entwässert wird. Hier finden Wurzelwachstum und Pflanzenaktivitäten statt. Während des Drainageteils im Flut- und Drainagezyklus fließt das Wasser vollständig ab, so dass die Wurzeln, nützlichen Bakterien, Mikroben und Kompostwürmer (falls im System vorhanden) effizient mit sauerstoffreicher Luft versorgt werden können. Während des Überflutungsteils des Zyklus trägt das einströmende Wasser dazu bei, Feuchtigkeit, Nährstoffe und anfallende feste Fischabfälle im gesamten Bereich zu verteilen.

Zone 3 - Die Mineralisierungszone

Diese Zone befindet sich in den unteren 5 cm des Anzuchtbetts. In dieser Zone werden Fischabfälle und Wurmkot gesammelt. Was von den Feststoffen während des Flutungs- und Entwässerungszyklus übrig bleibt, befindet sich in dieser Zone, wo die weitere und endgültige Mineralisierung mit Hilfe von nützlichen Bakterien und Regenwürmern erfolgt.

Tiefe des Anzuchtbeets

Die Tiefe des Anzuchtbeetes ist von großer Bedeutung. Es gibt kein Richtig oder Falsch bei der Wahl der Tiefe des Anzuchtbeetes. Sie hängt davon ab, was Sie für Ihr System benötigen und welche Art von Pflanzen Sie anbauen möchten. Die meisten Aquaponik-Experten empfehlen, ein Anzuchtbeet mit einer Tiefe von mindestens 30 cm zu verwenden, wobei mindestens 2,5 bis 5 cm an der Oberseite zum Trocknen verbleiben sollten, um Algen- und Pilzwachstum zu verhindern. Tiefere Anzuchtbetten sind teurer, weil sie viel Nährboden benötigen, um sie zu füllen. Aber wenn Sie ein flaches Anzuchtbeet verwenden, gibt es auch Einschränkungen bei den Pflanzen, die Sie anbauen können.

Wenn Sie nur kurzlebige Pflanzen anbauen wollen, können Sie ein flaches Beet wählen, aber wenn Sie tief verwurzelte Pflanzen anbauen wollen, müssen Sie ein Beet mit größerer Tiefe wählen. Kurzlebige Pflanzen wie Salate und Grünpflanzen können in flachen Beeten wachsen. Aber wenn es um tief verwurzelte Pflanzen wie Gurken und Tomaten geht, bieten flache Beete nicht die nötige Basis für ihr Wachstum und den Platz für ihre größeren Wurzelzonen.

Ideen für aquaponische Anzuchtbeete

Sie können ein fertiges Anzuchtbeet kaufen oder Ihr eigenes Anzuchtbeet selbst bauen. Die Beschaffung oder Herstellung eines eigenen Anzuchtbeetes ist einfach - hier sind einige häufig verwendete Anzuchtbeete für Aquaponik, um Ihnen Ideen zu geben und Ihnen den Einstieg zu erleichtern.

1. IBC-Anzuchtbett

Eines der gebräuchlichsten Anzuchtbeete ist der IBC-Behälter. Dieses Anzuchtbeet wird hauptsächlich von privaten Züchtern in medienbasierten oder Ebbe-Flut-Aquaponiksystemen verwendet. Die IBC-Behälter werden recycelt und als Anzuchtbeete und Fischtanks verwendet.

IBC-Behälter sind die idealen Wachstumsbetten für die Aquaponik, da sie langlebig sind und sich leicht an Ihre speziellen Bedürfnisse anpassen lassen. Da IBC-Behälter am häufigsten verwendet werden, ist das Wichtigste bei der Verwendung von IBC-Behältern als Aufzuchtbecken, dass Sie wissen, was in den IBC-Behältern enthalten ist, die Sie kaufen. Fische sind empfindliche Lebewesen, und Chemikalien, die in einigen IBC-Behältern enthalten waren, können die Gesundheit Ihrer Fische und Pflanzen beeinträchtigen. Verwenden Sie nur IBC-Behälter, die zuvor für Lebensmittel verwendet wurden.

220-Liter-Kunststoff-Deckelfass

Ein weiteres beliebtes Gefäß sind Fässer, die in Wachstumsbetten umgewidmet werden. Diese blauen Fässer sind leicht erhältlich und kostengünstig. Sie müssen das Fass nur halbieren (in der Mitte um den Radius schneiden), und schon haben Sie Ihr Anzuchtbeet. Achten Sie jedoch darauf, dass die Fässer vollständig gereinigt werden, bevor Sie sie als Anzuchtbeet verwenden. Einige Fässer enthalten Chemikalien, die Ihr neues Aquaponiksystem vergiften können.

Alte Badewannen

Auch alte Badewannen finden in vielen Lebensbereichen immer wieder eine neue Berufung. So habe ich zum Beispiel alte Badewannen zu Wachstumsbetten umfunktioniert. Mit alten Badewannen können Sie ein umfangreicheres Aquaponiksystem anbauen. Stellen Sie jedoch sicher, dass die Badewanne wie jedes andere Anbaubett gereinigt und frei von Chemikalien ist.

Holzgerüstete Beete mit Teichfolie

Holzgerahmte Anzuchtbeete mit Teichfolie werden auch von

vielen privaten Züchtern verwendet. Es besteht aus einem einfachen Holzrahmen mit einem Holzboden und einer Teichfolie aus Kunststoff, um sicherzustellen, dass das Wasser dort bleibt, wo es sein soll. Das Tolle an einem hölzernen Anzuchtbeet ist, dass man es genau auf die Bedürfnisse des Aquaponiksystems abstimmen kann. Achten Sie nur darauf, Ihr Holz zu lackieren oder zu streichen, um es vor Termiten zu schützen.

Starterset

Wenn Sie keine Zeit für selbstgebaute Anzuchtbeete haben, können Sie auch fertigentworfene Anzuchtbeetbehälter verwenden. Diese Beete sind zwar etwas teurer, aber sie sind dick, haltbar, lebensmittelecht und speziell für den Aquaponik-Gartenbau hergestellt.

Als eine der wesentlichen Komponenten Ihres medienbasierten Aquaponiksystems müssen Sie die richtige Wahl treffen, welches Anzuchtbett Sie verwenden möchten. Es gibt viele Anzuchtbetten, die Sie in Ihrem System verwenden können, aber was Sie für das am besten Geeignete halten, hängt von der Größe Ihres Fischbeckens, den Pflanzen, die Sie anbauen wollen, und Ihrem Budget ab.

Denken Sie daran, dass Ihr Anzuchtbeet die Aufgabe hat, Ihr Nährmedium aufzunehmen, genügend Platz für die Filterung zu bieten und genügend Pflanzfläche für Ihre Pflanzen zu schaffen. Treffen Sie Ihre Entscheidung auf der Grundlage dieser drei Hauptfunktionen des Anzuchtbetts, und Sie werden nie etwas falsch machen.

KULTURSUBSTRATE UND ZUCHTMEDIEN

Die Wahl des Kultursubstrats hat einen erheblichen Einfluss auf die Kosten für den Bau und die Wartung eines Aquaponiksystems. Bei der Vielzahl der erhältlichen Kultursubstrate ist es jedoch verwirrend zu wissen, welches für Sie am besten geeignet ist. Deshalb soll dieses Kapitel Ihnen helfen zu verstehen, was aquaponsiche Zuchtmedien sind, welche Möglichkeiten es gibt und welche für Sie am besten geeignet sind.

Was ist ein aquaponisches Zuchtmedium (Wachstumsmedium)?

Das Zuchtmedium ist ein natürliches oder synthetisches erdfreies Material, das den Körper derer Pflanzen unterstützt. Wie die Erde schützt es die Pflanzen und sorgt dafür, dass ihre Wurzeln an der richtigen Stelle verankert werden. Das Nährmedium dient auch als Oberfläche für das Gedeihen von Bakterien im Nährboden und fungiert als Filter für die festen Abfälle, die aus dem Fischtank in den Nährboden gelangen. Es ist jedoch wichtig zu wissen, dass nicht alle aquaponischen Systeme Zuchtmedien verwenden, wie z. B. die Nährstofffilm-Technik (NFT), bei denen die Pflanzen in PVC-Rohren angebaut werden.

Zu berücksichtigende Faktoren bei der Auswahl

Bei der Wahl des geeigneten Zuchtmediums für Ihr System können Sie aus mehreren Optionen wählen. Für den Erfolg Ihres Aquaponik-Systems und die Wahl des richtigen Kultursubstrats für Ihr System müssen Sie jedoch einige Faktoren berücksichtigen.

Größe

Zu kleine Nährböden können Ihr System verstopfen. Zu große Kultursubstrate können Luftlöcher verursachen, die das Pflanzenwachstum beeinträchtigen können. Die empfohlenen Kultursubstrate für die Aquaponik haben eine Größe von 1 bis 1,5 cm und bieten eine ausreichende Oberfläche für die Ansiedlung von Bakterien.

Gewicht

Das Gewicht ist ein wichtiger Faktor bei der Auswahl der Nährböden. Wenn Sie kleinere oder wackelige Aquaponikbeete haben, sollten Sie darauf achten, dass die Nährböden nicht zu schwer oder sperrig sind. Ihr System könnte physisch zusammenbrechen, wenn die Struktur das Gewicht Ihres Anzuchtbetts nicht tragen kann. Wählen Sie ein leichtes bis mittelschweres Kultursubstrat, denn wenn Ihr Kultursubstrat zu leicht ist, könnte es aufschwimmen und Ihr System verstopfen, und wenn es zu schwer ist, könnte es auf lange Sicht unhandlich werden.

pH-neutral

Die Überwachung und der Ausgleich des pH-Wertes Ihres Systems ist etwas, das Sie regelmäßig tun müssen. Der pH-Wert Ihres Systems muss innerhalb des idealen Bereichs liegen. Deshalb ist es wichtig, ein Kultursubstrat zu wählen, das pH-neutral ist. Wenn Sie sich für ein pH-neutrales Kultursubstrat entscheiden, können Sie den pH-Wert in Ihrem System besser kontrollieren.

Wenn Sie sich dafür entscheiden, Kies oder Lavagestein zu verwenden, ist es gut, einen Test durchzuführen, um zu sehen, ob diese pH-neutral sind. Waschen Sie dazu Ihr Nährmedium einfach gründlich mit Wasser, legen Sie es in einen Behälter und bedecken Sie es dann mit Essig. Wenn Sie Blasen sehen, dann hat Ihr Nährboden einen hohen pH-Wert. Wenn keine Blasen zu sehen sind, bedeutet dies, dass Ihr Nährboden pH-neutral ist.

Hautverträglich

Sie werden das Kultursubstrat mit den Händen anfassen, wenn Sie es ins Beet legen und Ihr Gemüse einpflanzen. Scharfe Kultursubstrate können die Pflanzenwurzeln beschädigen und zu Schnittverletzungen an den Händen führen, wenn Sie das Beet pflegen. Daher ist es wichtig, dass Sie Kultursubstrate wählen, die sicher und leicht zu handhaben sind.

Kosten

Wenn Sie gerade erst mit Aquaponik beginnen, müssen Sie die Kosten bedenken. Die Preise für Kultursubstrate variieren je nachdem, welche Art von Kultursubstrat Sie verwenden möchten. Hydroton ist zum Beispiel teuer, während Kies tendenziell kostengünstiger ist. Es ist besser, zuerst Ihr Budget zu prüfen und dann das Nährmedium zu wählen, das in Ihrem Budget liegt.

Verschiedene Zuchtmedien

Blähton

Hydroton, auch bekannt als Blähton, ist ein (L.E.C.A.) Lightweight Expanded Clay Aggregate. Hydroton ist eines der teuersten Wachstumsmedien in der Aquaponik, aber es ist eine hervorragende Option für den Anbau von Pflanzen aller Art. Sie sind leicht, aber schwer genug, um die Pflanzen zu tragen, und voller mikroskopisch kleiner Löcher, die für eine gute Drainage

sorgen, die Oberfläche vergrößern und für reichlich nitrifizierende Bakterien in Ihrem System sorgen.
Hydroton Tonpellets sind leicht zu pflegen, porös, pH-neutral und wiederverwendbar. Ihre Porosität und Form sorgen für ein ausgewogenes Verhältnis von Wasser und Sauerstoff im System. Sie neigen aber auch dazu, bei der ersten Verwendung aufzuschwimmen, was zu Verstopfungen in Ihren Rohren und Filtern führen kann. Seien Sie also besonders vorsichtig, wenn Sie Hydroton zum ersten Mal verwenden.

Lavagestein

Lavagestein wird von vielen Aquaponikern als Nährboden verwendet, weil es leicht ist und eine große Oberfläche hat. Lavagestein ist in der Regel pH-neutral, porös und sorgt für eine gute Drainage und Belüftung des Systems.
Lavagestein ist zwar ein beliebtes Anbaumedium für die Aquaponik, hat aber auch einige Nachteile. Lavagestein hat scharfe Kanten, die das Wurzelsystem Ihrer Pflanzen beschädigen oder Ihre Hände verletzen können, wenn Sie es anfassen.

Gesplitteter Schiefer

Ein weiteres hervorragendes Zuchtmedium ist Schiefer. Schiefer ist porös, pH-neutral und enthält Lufteinschlüsse, die eine zusätzliche Oberfläche für Bakterien bieten. Da Schiefer einem Erhitzungsprozess unterzogen wurde, sind seine Kanten leicht poliert, so dass er gut in der Hand liegt und das Wurzelsystem Ihrer Pflanzen nicht beschädigt. Schiefer ist wiederverwendbar und preiswerter als andere Arten von Nährböden, weshalb er auch bei Aquaponikern sehr beliebt ist.

Kies

Kies ist das günstigste Zuchtmedium für die Aquaponik, aber auch eines der problematischsten. Kies hält das Wasser nicht gut zurück und hat eine geringere Oberfläche als andere Nährböden, so dass es schwierig sein kann, Bakterien anzusiedeln. Wenn Sie sich für Kies entscheiden, suchen Sie nach erbsengroßem Kies, der abgeschliffen wurde, um seine raue Struktur zu glätten. Und schließlich sollten Sie immer einen Essigtest mit dem Kies durchführen, bevor Sie ihn in Ihrem System verwenden, da er oft Kalk enthält.

Growstones

Growstones sind ein im Ofen gebranntes Aggregat, das aus der Mischung von recyceltem Glas mit Kalziumkarbonat hergestellt wird. Sie sind leicht, wiederverwendbar und porös wie Blähton, aber ungleichmäßig geformt. Growstone sorgt für ausreichende Feuchtigkeit und Belüftung in der Wurzelzone, während ihre Oberfläche einen idealen Platz für die Ansiedlung nützlicher Bakterien bietet.

Der Nachteil der Verwendung von Growstones als Nährboden ist, dass es eine Debatte darüber gibt, ob Growstones den pH-Wert in einem Aquaponiksystem verändern können und dass sie sich mit der Zeit zersetzen.

Auswahl des richtigen Zuchtmediums

Bei der Auswahl des besten Zuchtmediums für Ihr aquaponisches System sollten Sie die Faktoren berücksichtigen, die Sie beachten müssen. Berücksichtigen Sie auch die Größe Ihres Systems, Ihr Budget und die Verfügbarkeit der Nährböden, die Sie an Ihrem Standort verwenden möchten. Vergewissern Sie sich, dass das von Ihnen gewählte Medium die idealen Eigenschaften hat, die für Ihr System geeignet sind. Wenn die Kosten keine Rolle spielen, eignet sich Blähton am besten, aber wenn Sie ein knappes Budget haben, sollten Sie sich für gesplitterten Schiefer oder Lavagestein entscheiden.

Wenn Sie kein Hydroton verwenden, sollten Sie Ihre Nährböden mit Essig testen, bevor Sie sie in Ihr System einsetzen. Waschen Sie Ihr Nährmedium gründlich mit Wasser, geben Sie es dann in einen Behälter und gießen Sie genügend Essig hinein. Wenn Sie Blasen sehen, bedeutet das, dass es einen hohen pH-Wert hat. Die Blasen entstehen durch die Reaktion des Essigs mit dem Kalkstein.

Lassen Sie mindestens fünf Zentimeter trockene Medien stehen, um Algenwachstum zu vermeiden. 30 cm ist die empfohlene Tiefe des Nährbodens, aber Sie sollten noch zwei Zoll darüber geben, um Algen- oder Pilzwachstum zu verhindern.
Reinigen Sie das Nährmedium einmal im Jahr, um Feststoffe und andere Abfälle zu entfernen, damit Ihr Nährboden nicht verstopft. In einem verstopften Anzuchtbeet können sich anaerobe Zonen bilden, die die nützlichen Bakterien abtöten können. Ein verstopftes Anzuchtbeet verringert auch den Nitrifikationsprozess und erhöht den pH-Wert in Ihrem System. Ein hoher pH-Wert ist ein Indikator für ein verstopftes Anzuchtbeet.

WASSERPUMPEN FÜR AQUAPONISCHE SYSTEME

So wie das menschliche Herz die Maschine ist, die das Blut durch den ganzen Körper pumpt und die lebenswichtigen Organe mit Sauerstoff und Nährstoffen versorgt, so ist die Wasserpumpe das Organ, das das Wasser im Aquaponiksystem zirkulieren lässt, um Fische und Pflanzen mit den notwendigen Nährstoffen zu versorgen.
Bei der Auswahl und Installation einer Wasserpumpe ist jedoch Vorsicht geboten, da das Aquaponiksystem von genauen Berechnungen abhängt. Wird eine Wasserpumpe nicht richtig dimensioniert, kann dies zu einem ineffektiven Pumpzyklus führen.

Welche Rolle spielt eine Wasserpumpe in einem Aquaponiksystem?

Die Wirksamkeit eines jeden Wassersystems hängt in hohem Maße von der Qualität der Komponenten ab, aus denen das System besteht. Es kann nicht genug betont werden, wie wichtig es ist, in hochwertige, gut gebaute Teile für Ihr Aquaponiksystem zu investieren.

Eine der wichtigsten und grundlegenden Komponenten eines Aquaponiksystems ist die Wasserpumpe. Wasser ist das wichtigste Medium in einem Aquaponiksystem, da es sowohl die Pflanzen als auch die Fische mit Wasser versorgt.

In einem typischen mediengefüllten Aquaponiksystem werden die Fische in einem Fischtank gehalten, während die Pflanzen in einem Anzuchtbeet verbleiben. Der einzige Kontakt zwischen dem Aquarium und dem Anzuchtbeet besteht über das Wasser, das in beiden Gefäßen zirkuliert.

Wenn die Fische Nahrung zu sich nehmen, hinterlassen sie Abfälle in ihrem Becken. Das Wasser mit den ammoniakhaltigen Abfällen wird aus dem Fischtank in das Wachstumsbeet gepumpt, wo nitrifizierende Bakterien das Ammoniak in Pflanzennahrung umwandeln.

Nachdem die Pflanzen die Pflanzennahrung aufgenommen haben, wird das Wasser aus dem Wachstumsbeet (das nun frisch und fischfreundlich ist) zurück in das Fischbecken gepumpt, wo der Kreislauf von neuem beginnt.

Die Wasserpumpe spielt eine sehr wichtige Rolle im Aquaponik-Prozess, da sie dafür sorgt, dass sowohl die Fische als auch die Pflanzen die für ihr Wachstum notwendigen Nährstoffe erhalten. Eine falsch dimensionierte oder fehlerhafte Pumpe kann zu einer unzureichenden oder übermäßigen Nährstoffzufuhr führen, was den Tod der Fische oder Pflanzen zur Folge haben kann.

Nutzen der Wasserpumpe

Wasserpumpen spielen eine wichtige Rolle, wenn es darum geht, dass das Wasser in einem Aquaponiksystem perfekt zirkuliert, um die Effektivität des Systems zu maximieren. Ihr Hauptzweck besteht darin, den Wasserstrom umzuwälzen, damit sowohl die Pflanzen als auch die Fische die erforderlichen Nährstoffe erhalten.

Wasserpumpen heben auch den Wasserstand auf die für Ihr System erforderliche Höhe an. Dies ist vor allem bei einem vertikalen Aquaponiksystem notwendig, bei dem das Wasser aus dem darunter liegenden Fischbecken in das höher gelegene Anzuchtbeet gepumpt werden muss. Da Wasser das

Lebenselixier ist, das durch das System fließt und alle lebenden Organismen mit wichtigen Nährstoffen versorgt, kann eine Wasserpumpe als das Herz des gesamten Aquaponiksystems betrachtet werden.
Wenn das Herz zu schnell, zu langsam oder nicht kräftig genug pumpt – oder, was noch schlimmer ist, ganz ausfällt - leiden die anderen Organe, die für die Zirkulation von ihr abhängig sind, sofort darunter.
Eine gute, zuverlässige Pumpe gibt Ihnen die Sicherheit, dass Sie das System auch mal unbeaufsichtigt lassen können. Auch wenn die meisten Aquaponiksysteme nur eine Pumpe für die Wasserzirkulation benötigen, ist es wichtig, immer eine Reserve für Notfälle zu haben.

Es gibt zwar eine große Auswahl an Pumpenmarken zu kaufen, aber es ist wichtig zu wissen, dass alle diese Pumpen in eine von zwei Hauptkategorien fallen - die Inline-Pumpen und die Unterwasserpumpen.

Unterwasserpumpen

Wie der Name schon sagt, sitzen diese Pumpen direkt im Reservoir oder Tank und pumpen das Wasser durch einen Schlauch, der an einem Anschluss oben an der Pumpe befestigt ist.
Sie sind in Gallonen pro Stunde (GPH) bemessen und ihre Fähigkeit, unter Wasser zu arbeiten, hilft auch bei der Kühlung der Pumpe. Die Anzahl der Gallonen Wasser, die umgewälzt werden können, ist begrenzt und sie werden bevorzugt für kleinere Aquaponiksysteme eingesetzt, die nicht mehr als 1.200 GPH benötigen.

1 Gallone = 3,79 Liter

Ein großer Vorteil von Unterwasserpumpen ist die Tatsache, dass sie nicht zum Problem der Pumpenkavitation neigen, ein Problem, das normalerweise mit einem großen Höhenunterschied zwischen der Oberfläche der gepumpten Flüssigkeit und der Flüssigkeit selbst zusammenhängt.

Inline-Pumpen

Diese auch als Zentrifugalpumpen bezeichneten luftgekühlten Pumpen befinden sich außerhalb des Reservoirs oder Tanks und werden bevorzugt in größeren Aquaponiksystemen mit mehr als 50 Anzuchtbecken eingesetzt. Aufgrund ihrer leistungsstärkeren Motoren sind sie in der Lage, größere Wasservolumen zu bewegen. Ihre Leistung wird jedoch in Pferdestärken (HP) und nicht in der Wassermenge gemessen, die sie bewegen können. Inline-Pumpen haben in der Regel einen Schlauch vom Aquarium zur Pumpe und einen weiteren von der Pumpe zum Anzuchtbecken.

Ein großer Vorteil dieses Pumpentyps ist, dass die von der Pumpe erzeugte Wärme durch Luft gekühlt wird, im Gegensatz zu einer Tauchpumpe, die wassergekühlt ist. Außerdem können Inline-Pumpen eingesetzt werden, um das Wasser zu belüften, indem geringe Luftmengen, meist unter hohem Druck, in das Wasser gepumpt werden. Dies trägt dazu bei, anaerobe Zersetzung zu vermeiden und die Wurzelzonen mit Sauerstoff zu versorgen.

Aufgrund ihrer Fähigkeit, große Wassermengen zu pumpen, werden sie meist in großen kommerziellen Aquaponiksystemen eingesetzt.

So bestimmen Sie die richtige Größe für Ihr System

Um die richtige Pumpengröße für Ihr Aquaponiksystem zu bestimmen, sind drei Schritte erforderlich: die Bestimmung der GPH, die Messung der Förderhöhe und die Kombination von GPH und Förderhöhe.

Bestimmung der GPH (Gallonen pro Stunde)

Bei der Dimensionierung der Wasserpumpe für Ihr Aquaponiksystem müssen wir als erstes die GPH (Gallons Per Hour) bestimmen.
Fast alle Pumpen haben eine Gallon Per Hour (GPH)-Angabe, die die Anzahl der Gallonen Wasser angibt, die sie pro Stunde pumpen können. Auch hierzulande in Deutschland, ist die Angabe in der Regel GPH, da die Hersteller meist aus den USA kommen.

Als allgemeine Regel gilt, dass Ihre Wasserpumpe mindestens alle zwei Stunden das gesamte Wasservolumen in Ihrem Aquaponiksystem umwälzen sollte. Die von Ihnen gewählte Pumpe sollte diese Mindestanforderung erfüllen, indem sie jede Stunde die Hälfte des gesamten Wasservolumens des Systems umwälzt.

Messen der Förderhöhe

Bei den meisten Aquaponiksystemen befinden sich das Fischbecken und das Anzuchtbeet auf unterschiedlichen Ebenen. Die Förderhöhe ist einfach der Abstand zwischen dem Wasserstand im Fischtank und dem gewünschten Wasserstand im Anzuchtbeet.

Um die Kopfhöhe Ihres Aquaponiksystems zu messen, müssen Sie keine Berechnungen anstellen. Sie können einfach den Abstand zwischen den beiden Wasserständen mit einem Maßband oder Lineal messen. Denken Sie daran, dass je größer die Förderhöhe ist, desto mehr Energie wird zum Pumpen des Wassers benötigt.

Als Faustregel gilt, dass 1 PSI benötigt wird, um den Wasserstand um 670 cm anzuheben.

Wenn Sie die Förderhöhe auf einem Mindestniveau halten, bleibt das gesamte System so effizient wie möglich. Einige Aquaponiksysteme, bei denen das Wasser im Fischtank und im Anzuchtbeet auf demselben Niveau liegt oder sich denselben Behälter teilt, haben keine "Förderhöhe".

Verwendete Wattzahl

Es ist wichtig, den Stromverbrauch der Pumpe zu kennen, die Sie kaufen möchten. Das bedeutet, dass Sie die Wattzahl kennen müssen, die Ihre Wasserpumpe verbraucht.

Obwohl sich die Aquaponik als kosteneffiziente Anbaumethode erwiesen hat, die im Vergleich zu anderen Anbaumethoden relativ niedrige Kapitalkosten aufweist, gibt es immer noch einige Kosten, darunter die Kosten für die Energie, die für den Betrieb der Pumpe benötigt wird - Strom.

Daher ist es wichtig, eine Wasserpumpe zu kaufen, die die Arbeit erledigt und dabei möglichst wenig Energie verbraucht. Die Kenntnis der Wattzahl Ihrer Pumpe ist der erste Schritt, um sicherzustellen, dass Sie keine Pumpe kaufen, die am Ende sehr viel Strom verbraucht. Der einfachste Weg, die Wattzahl Ihrer Wasserpumpe zu ermitteln, ist ein Blick auf die elektronischen

Daten auf der Verpackung oder dem Beipackzettel, der der Pumpe beiliegt.
Eine niedrigere Wattzahl bedeutet einen geringeren Verbrauch, was wiederum bedeutet, dass Sie weniger Geld für die Begleichung Ihrer Stromrechnung ausgeben müssen, zumal die Wasserpumpe rund um die Uhr in Betrieb sein wird.

Durchflussmenge

Nach der Wattzahl der Pumpe ist als nächstes die Wassermenge zu berücksichtigen, die durch das System gepumpt werden muss. Als Faustregel gilt, dass Ihre Wasserpumpe in der Lage sein sollte, das gesamte System innerhalb von zwei Stunden umzuwälzen.

Wenn Ihr Aquaponiksystem also eine 200-Gallonen-Anlage (757 Liter) verwendet, sollte es in der Lage sein, 200 Gallonen innerhalb von zwei Stunden zu pumpen oder 100 Gallonen innerhalb einer Stunde. Sie benötigen also eine Pumpe mit mindestens 100 GPH.
Die auf einer Wasserpumpe angegebene GPH ist die maximale Durchflussmenge und kann jederzeit verringert werden. Es ist daher wichtig, dass Sie eine Pumpe mit einer größeren GPH als der von Ihnen benötigten Menge wählen, niemals eine geringere.
Dadurch wird sichergestellt, dass Ihre Fische mit sauberem und sauerstoffreichem Wasser versorgt werden und dass nährstoffreiches Wasser mindestens alle 2 Stunden zu Ihren Pflanzen und Nitrifikationsbakterien fließt.
Es ist jedoch zu beachten, dass die Durchflussmenge der Pumpe aufgrund der Schwerkraft tendenziell abnimmt, wenn der vertikale Abstand zwischen der Pumpe und der Flüssigkeitsoberfläche zunimmt.

Um ein effektives System aufrechtzuerhalten, ist es daher wichtig, eine Wasserpumpe zu kaufen, die stark genug ist, um die erforderliche Durchflussmenge für Ihr System zu erzeugen.

Die Wasserpumpe ist eine der wichtigsten Komponenten eines erfolgreichen Aquaponiksystems und sollte auch als solche behandelt werden. Stellen Sie sicher, dass Sie vor dem Kauf einer Pumpe die erforderlichen Infos über Ihr System einholen. Wenn Sie eine Pumpe kaufen, achten Sie darauf, dass Sie zwei davon kaufen: eine für den Tank und eine als schnelle Reserve, falls die andere ausfällt.

FISCHZUCHT IN DER AQUAPONIK

Die Aquaponik kombiniert die konventionelle Aquakultur mit der Hydrokultur zu einer äußerst nachhaltigen und umweltfreundlichen Landwirtschaftsmethode.

Aquaponiksysteme bieten viele Vorteile: einen sehr geringen Wasserverbrauch im Vergleich zu herkömmlichen landwirtschaftlichen Methoden, einen niedrigen Energieverbrauch, wenig bis gar keinen Einsatz von Chemikalien und eine geringe Anfälligkeit für Schädlinge und Krankheiten.

Fische spielen in einem Aquaponiksystem eine Schlüsselrolle, da sie das Nebenprodukt liefern, das sich in eine verzehrbare Pflanzennahrung verwandelt. Aber jede Fischart hat ihre eigenen Anforderungen an die Umwelt, um erfolgreich zu leben.

Überlegungen zur Fischauswahl

Während es wirtschaftlich sinnvoller ist, essbare Blattpflanzen (z. B. Basilikum, Kohl, Salat) anzubauen, können die Fische in einem Aquaponiksystem sowohl essbar als auch nicht essbar sein. Sie können sich sogar für Zierfische entscheiden, wenn Sie an den dekorativen Möglichkeiten der Aquaponik interessiert sind. Die Wahl der Fischarten sollte im Wesentlichen davon abhängen, ob sie in der Lage sind, in einem überfüllten Becken zu überleben, und ob sie unterschiedliche Wasserparameter vertragen.

Darüber hinaus muss die Auswahl auf die Umgebungsbedingungen in Ihrem Gebiet abgestimmt sein. Die

Temperatur sollte ein wichtiger Faktor sein. Wenn Sie beispielsweise in einer nördlichen gemäßigten Region leben, sollten Sie sich für Kaltwasserfische entscheiden. Wenn Sie sich für Warmwasserfische entscheiden, entstehen Ihnen unter Umständen höhere Unterhaltskosten, da Sie die meiste Zeit des Jahres die Temperatur regulieren müssen.

Die Größe Ihres Aufzuchtbeckens, die Wachstumsraten der Fische, die maximale Größe der Fischarten und ihre Vermehrungstendenzen müssen ebenfalls berücksichtigt werden. Eine übermäßig hohe Fischdichte kann ein Aquaponiksystem schnell aus dem Gleichgewicht bringen. Übergroße Fische können in einem überfüllten Becken auch anfällig für stressbedingte Krankheiten sein. Schließlich müssen auch die Ernährung und der Sauerstoffbedarf der Fische berücksichtigt werden. Diese Faktoren werden sich langfristig zweifellos auf die Wartungskosten Ihres Systems auswirken.

Im Folgenden finden Sie einige der am häufigsten in Aquaponiksystemen gezüchteten Fische. Ihre Widerstandsfähigkeit und Resistenz gegen viele Krankheiten machen sie zu idealen Kandidaten für die Aufzucht in Kreislaufwasser. Versuchen Sie, Fische auszuwählen, die in Ihrem Gebiet heimisch sind, und überprüfen Sie bei der Planung Ihres Systems die Liste der invasiven Arten in Ihrer Region.

Tilapia

- Essbar
- Allesfresser
- Temperatur: 28 - 30°C
- pH-Wert: 6,5 - 9,0
- Brütet alle 4 bis 6 Wochen
- Ideal für Anfänger

Der Tilapia stammt ursprünglich aus Afrika und dem Nilbecken in Unterägypten und gilt als einer der ältesten Zuchtfische der Welt. Ihr hoher Proteingehalt, ihre omnivore Ernährung, ihre Größe und ihr schnelles Wachstum haben sie bei Züchtern beliebt gemacht. Sie bevorzugen Wasser mit einem pH-Wert zwischen 6,5 und 9,0.

Tilapia sind ziemlich resistent gegen Parasiten und Krankheiten, was sie zu einer hervorragenden Wahl für Anfänger macht. Sie gedeihen bei Wassertemperaturen zwischen 28 und 30 Grad Celsius, werden aber in der Regel bei niedrigeren Temperaturen gehalten, um die Pflanzen zu schonen. Sie sind leicht zu züchten und wachsen recht schnell - bis zu 1,5 Kilo in 7 Monaten.

Eine Sache, die man beachten sollte, ist, dass Tilapia sich fast zu effizient vermehren können - sie laichen alle 4 bis 6 Wochen, so dass ein zweites Becken hilfreich sein kann, um den Nachwuchs zu halten. Die Haltung von Tilapia kann recht kostspielig sein, da die Züchter eine Energiequelle benötigen, um einen tropischen Temperaturbereich in ihren Becken aufrechtzuerhalten, da sie warmes Wasser benötigen.

Gelber Barsch

- Essbar
- Fleischfresser
- Temperatur: 18 - 21°C
- pH-Wert: 6,5 - 8,5
- Brütet einmal im Jahr

Der Barsch ist wegen seines Geschmacks, seiner Widerstandsfähigkeit, seiner Wachstumsrate und seines Nährwerts eine gute Wahl für Aquaponik. Barsche können Omega-3-Fettsäuren besser speichern als andere Fische, wenn sie mit Futtermitteln gefüttert werden, die reich an Omega-3-Ölen sind. Barsche vermehren sich in Gefangenschaft nicht, aber sie wachsen schnell.

Es gibt drei Hauptbarscharten: den Europäischen Barsch, der in Europa und Asien vorkommt, den Balkhash-Barsch, der in Kasachstan, Usbekistan und China vorkommt und den Gelbbarsch, der in den USA und Kanada vorkommt.

Vor allem der Gelbbarsch eignet sich aufgrund seines moderaten Temperatur- und breiten pH-Bereichs am besten für die Aquaponik. Diese fleischfressenden Fische gedeihen bei Temperaturen zwischen 18 und 21 Grad Celsius und werden in der Regel etwa 38 cm groß und 1,25 Kilo schwer.

Mit einem pH-Bereich von 6,5 bis 8,5 haben sie den größten unter den aquaponischen Fischarten. Barsche vermehren sich nur einmal im Jahr und benötigen einen plötzlichen Temperaturwechsel von kalt zu warm, um den Wechsel vom Winter zum Frühling zu simulieren.

Forelle

- Essbar
- Fleischfresser
- Temperatur: 7 - 18°C
- pH-Wert: 6,5 - 8,0
- Erfordert ein großes Becken für optimales Wachstum
- Erfordert einen Sauerstoffgehalt von mindestens 5,5mg/L

Forellen sind eng mit Lachs und dem Saibling verwandt und gehören zu den am häufigsten gezüchteten Fischen der Welt. Die meisten Forellen leben in Süßwasserseen und -flüssen und verbringen zwei oder drei Jahre im Meer, bevor sie zum Laichen ins Süßwasser zurückkehren.

Sie ernähren sich in der Regel von anderen Fischen und wirbellosen Wassertieren mit weichem Körper, wie Fliegen und Libellen. Sie können sich auch von Garnelen und kleinen Tierteilen ernähren. Anders als Buntbarsche vertragen Forellen kein schmutziges Wasser.

Forellen sind etwas knochig, aber ihr Fleisch gilt allgemein als schmackhaft. Der Geschmack des Fleisches wird stark von der Ernährung des Fisches beeinflusst.

Von den drei häufigsten Forellenarten - Bach-, Regenbogen- und Regenbogenforelle - ist die Regenbogenforelle aufgrund ihrer Widerstandsfähigkeit die beste Art für die Aquaponik. Regenbogenforellen können den unterschiedlichen Bedingungen, die ein Aquaponiksystem bietet, standhalten. Sie gelten als Kaltwasserfische und gedeihen bei Temperaturen zwischen 7 und 18 Grad Celsius. Sie benötigen einen pH-Bereich zwischen 6,5 und 8,0.

Forellen können in 9 Monaten bis zu 40 cm groß werden, benötigen aber einen großen Teich, in dem sie wachsen können. Außerdem benötigen sie eine Sauerstoffsättigung von mindestens 5,5 mg/L. Die Besatzdichte muss genau beachtet werden, um sicherzustellen, dass alle Fische ausreichend Sauerstoff erhalten.

Forellenbarsch

- Essbar
- Fleischfresser
- Temperatur: 18 - 26°C
- pH-Wert: 6,5 - 8,5
- Erfordert ein großes Becken für optimales Wachstum
- Von hellem Licht fernhalten

Barsche, ein beliebter Angelfisch, sind sehr widerstandsfähig und können niedrige Wassertemperaturen vertragen. Barsche fressen Würmer, Insekten, Larven und auch proteinreiche Pellets. Sie ziehen es vor, sich von Futter zu ernähren, das an der Oberfläche bleibt oder langsam absinkt, anstatt vom Boden des Beckens zu fressen.

Barsche mögen kein helles Licht. Als Baby müssen sie streng mit kleinen Garnelen und Insekten gefüttert werden, als ausgewachsener Fisch mit Schnecken und Flusskrebsen. Sie benötigen eine konstante Wassertemperatur zwischen 18 und 26 Grad Celsius und bevorzugen einen pH-Wert von 6,5 bis 8,5. Obwohl die Pflege von Forellenbarschen sehr aufwändig ist, bieten ihre Größe und ihr kräftiges Fleisch eine sehr lohnende Ernte.

Wels

- Essbar
- Allesfresser
- Temperatur: 24 - 30°C
- pH-Wert: 7,0 - 8,5
- Verträgt eine breite Palette von Wasserbedingungen
- Gute Wahl für Anfänger

Welse gehören zu den am meisten gezüchteten Fischarten und sind wegen ihres Geschmacks sehr begehrt - ihr Fleisch wird auf der ganzen Welt als Delikatesse verzehrt. Welse sind allesfressende Bodenfresser und wertvolle Aasfresser.

Sie sind kräftig und können eine Vielzahl von Wasserbedingungen aushalten. Sie sind nicht territorial und können eine höhere Besatzdichte vertragen. Welse lassen sich leicht züchten und aufziehen und können innerhalb von 3 Monaten für die Küche geerntet werden.

Welse gedeihen in einem ähnlichen Temperaturbereich wie Tilapia bei 24 bis 30 Grad Celsius und haben einen pH-Bereich von 7 bis 8. Sie wachsen schnell und können innerhalb von 12 Monaten ein Gewicht von 1,5 Kilo erreichen.

Barramundi

- Essbar
- Fleischfresser
- Temperatur: 22 - 27°C
- pH-Wert: 7,2 - 8,0
- Besondere Pflege für Jungfische erforderlich
- Wächst extrem schnell
- Lecker und äußerst nahrhaft

Barramundi ist ein hervorragender Speisefisch, der in den meisten Restaurants sehr geschätzt wird und ein großartiger Fisch für Aquaponik, aber nicht für Anfänger zu empfehlen. Sie bevorzugen warmes Wasser und haben den Ruf, schnell zu wachsen.

Ihre Aufzucht ist jedoch schwierig, da Barramundi-Fingerlinge sortiert werden müssen, um zu überleben. Die Jungfische greifen sich gegenseitig an und fressen sich gegenseitig auf - die größeren Fische beißen und verletzen die kleineren Fische. Die verletzten kleineren Fische sterben schließlich, wenn sie nicht von den anderen gefressen werden.

Barramundi brauchen viel gelösten Sauerstoff in ihrem Becken und eine sehr gute Wasserqualität. Barramundi gedeihen bei einer Temperatur von 22 bis 27 Grad Celsius und einem pH-Wert von 7,2 bis 8,0.

Trotz der besonderen Bedingungen und des hohen Pflegeaufwands, die für eine erfolgreiche Zucht erforderlich sind, hat der Barramundi eine der schnellsten Wachstumsraten unter den Fischen in einem Aquaponiksystem und kann innerhalb von 6 Monaten bis zu 500 g auf die Waage bringen. Ihr Fleisch ist äußerst nahrhaft und reich an Omega-Fettsäuren und wird sehr geschätzt.

Karpfen

- Essbar
- Allesfresser
- Temperatur: 20 - 25°C
- pH-Wert: 7,5 - 8,0
- Anpassungsfähig an unterschiedliche Wasserbedingungen

Der Karpfen ist ein ölhaltiger Süßwasserfisch, der in Asien beheimatet ist. Verschiedene Karpfenarten können als Nahrungsmittel gezüchtet werden. Sie sind Allesfresser und ernähren sich von Algen, Pflanzen, Insekten und vielen anderen wirbellosen Wassertieren mit weichem Körper. Karpfen haben eine gute Fortpflanzungsfähigkeit und können sich leicht an verschiedene Umgebungen anpassen.

In den letzten Jahren ist die Nachfrage nach Karpfen in Westeuropa zurückgegangen, da die begehrteren Speisefische Forelle und Lachs durch extensive Zucht besser verfügbar geworden sind. Dennoch eignet sich der Karpfen gut für die Aquaponik, da er sehr widerstandsfähig gegenüber Veränderungen der Wasserbedingungen ist.

Sie haben einen Temperaturbereich von 20 bis 25 Grad Celsius und einen pH-Bereich von 7,5 bis 8,0.

Koi

- Nicht essbar
- Allesfresser
- Temperatur: 15 - 25°C
- pH-Wert: 7,0 - 8,0
- Ideal für Anfänger
- Resistent gegen die meisten Krankheiten und Parasiten

Koi ist einer der beliebtesten Fische, die in der Aquaponik verwendet werden. Sie haben eine lange Lebensdauer und können problemlos in einem Aquaponiksystem leben und sich vermehren. Koi sind außerdem relativ resistent gegen Krankheiten und Parasiten. Sie sind Allesfresser und können so gut wie jedes Futter aufnehmen.

Da sie Algen, Abfälle und Pflanzenreste fressen, die in ihren Teich fallen, ist eine zusätzliche Fütterung möglicherweise nicht erforderlich. Die Abfallproduktion muss überwacht werden, und möglicherweise muss ein großer und effizienter Filter installiert werden.

Koi gelten nicht als Speisefische, so dass Sie nach Alternativen suchen müssen. Sie gedeihen bei Temperaturen von 15 bis 25 Grad Celsius und pH-Werten von 7,0 bis 8,0. Aufgrund ihrer Anpassungsfähigkeit und Unverwüstlichkeit sind sie bei Anfängern sehr erfolgreich.

Goldfisch

- Nicht essbar
- Allesfresser
- Temperatur: 25 - 27° C
- pH-Wert: 6,0 - 8,0

Goldfische sind die idealen Aquaponikfische, da sie eine große Menge an Ausscheidungen produzieren und fressen und somit reichlich Nitrate für die Pflanzen liefern.

Je nach der gewählten Art sind sie auch winterhart. Schnelle Temperaturschwankungen können jedoch tödlich sein. Im Allgemeinen gibt es zwei Arten von Goldfischen - mit zwei Schwänzen und mit einem Schwanz. Achten Sie darauf, diese beiden Arten nicht zu mischen, da Zwillingsschwanzfische sehr leiden können. Da einschwänzige Goldfische einen schlanken Körper haben und aggressivere und schnellere Schwimmer sind, hat es der Zwillingsgoldfisch schwer, mit ihnen zu konkurrieren.

Goldfische sind ungenießbare Zierfische und gedeihen bei Temperaturen von 25 bis 27 Grad Celsius und pH-Werten von 6,0 bis 8,0.

Zierfische vs. Speisefische

Die Essbarkeit der Fische ist ein wichtiger Faktor bei der Auswahl der Fischarten. Wenn Sie beabsichtigen, Ihre Fische zu essen, sollten Sie Ihr System auf essbare Fischarten ausrichten.
Ansonsten haben einige der ungenießbaren Fische - Koi und Goldfische - den Vorteil, dass sie viel einfacher zu pflegen sind. Goldfische sind zwar etwas schwieriger zu pflegen als Koi, aber

sie sind viel preiswerter und können für kleinere Aquaponiksysteme oder Versuchsreihen verwendet werden.
Koi-Fische eignen sich hervorragend für Anfängersysteme, da sie der Unbeständigkeit, die ein neues Aquaponiksystem mit sich bringen kann, recht gut standhalten. Sie sind auch sehr resistent gegen Krankheiten und Parasiten, zwei Dinge, die ein gut gepflegtes Aquaponiksystem auf den Kopf stellen können.
Speisefische haben den Vorteil, dass sie verzehrt werden können, erfordern aber oft sehr viel genauere Bedingungen.

Aufzucht, Wachstumsrate und Besatzdichte

Die Vermehrung ist ein Faktor, den man beim Kauf von Fischen und bei der Wahl des gesamten Systems berücksichtigen sollte. Einige Arten lassen sich in einem kontrollierten Becken nur schwer vermehren, was vor allem für Anfänger frustrierend sein kann.
Andere, wie Tilapia und Welse, vermehren sich recht schnell, was ebenfalls zu Komplikationen führen kann, wenn das System nicht richtig dafür ausgelegt ist.

Laichen vs. Lebendgebärende

Es gibt zwei Hauptmethoden, mit denen sich Fische fortpflanzen - Laichen und Lebendgebärende. Die meisten Fische laichen, während eine ganze Reihe von Fischen Lebendgebärende sind.
Beim Laichen vermehren sich die Fische frei, indem sie Eier legen, wenn bestimmte Bedingungen, die so genannten Laichauslöser, erfüllt sind. Bei Lebendgebärenden werden die Eier im Körper behalten und die freischwimmenden Jungtiere lebend geboren.
Lebendgebärende Fische werden im Allgemeinen für die

Fischzucht bevorzugt. Lebendgebärende Aquarienfische, oft einfach Lebendgebärende genannt, sind Fische, die die Eier im Körper behalten und lebendige, freischwimmende Jungtiere zur Welt bringen.

Wachstumsrate

Die Wachstumsraten von Fischen sind unterschiedlich. Für Ihr Aquaponiksystem ist es besser, Fische mit unterschiedlichen Wachstumsraten zu haben, um über einen langen Zeitraum regelmäßig Fische zu ernten.
Die Wachstumsraten der Fische variieren. Es ist auch wichtig, die Jahreszeit zu berücksichtigen, in der die Fische erntereif sind. Wie wir im nächsten Abschnitt sehen werden, ist die Überbelegung ein Problem, das angegangen werden muss.

Nutzungsdichte

Sie müssen Ihr Becken mit einer angemessenen Anzahl von Fischen besetzen, wobei Sie die Wachstumsrate der Fische, den verfügbaren Platz im Becken und Ihr Budget für Kauf und Pflege berücksichtigen müssen. Auch die Größe, zu der Ihre Fische heranwachsen können, sollte bei der Betrachtung des verfügbaren Platzes berücksichtigt werden.
Ein überfülltes Aquarium kann den Sauerstoff- und Ammoniakgehalt im Wasser stören, ebenso wie ein unterbesetztes Becken. Denken Sie auch bei der Entnahme von Fischen an die Bevölkerungsdichte.

Ernährung der Fische

Die Ernährung von Fischen lässt sich in drei Hauptkategorien einteilen: Pflanzenfresser, Fleischfresser und Allesfresser. Fische, die sich für Aquaponiksysteme eignen, sind entweder Fleischfresser oder Allesfresser.

Fleischfresser benötigen eine proteinreiche Ernährung, die ohne den Kauf von hochwertigem kommerziellem Futter, das speziell für fleischfressende Fische entwickelt wurde, schwer zu erreichen ist. Einige fleischfressende Fische ziehen es vor, sich von anderen Fischen zu ernähren, insbesondere von jungen und schwachen Fischen.

Daher können Fleischfresser im Allgemeinen nicht mit anderen Arten vergesellschaftet werden, und sie sollten alle ungefähr die gleiche Größe haben, damit sie sich nicht gegenseitig anknabbern.

Allesfresser können sowohl mit ihrer eigenen Art als auch mit anderen allesfressenden Fischarten koexistieren und sind daher eine ausgezeichnete Wahl für ein Gemeinschaftsbecken. Allesfresser sind auch dafür bekannt, dass sie am einfachsten zu füttern sind.

Schwierigkeit der Pflege und Wartung

Sie müssen Ihr Aquaponiksystem pflegen, indem Sie das Wasser testen, das Wasser wechseln und Ihre Ausrüstung überprüfen, aber auch Ihre Fische brauchen etwas Pflege.

Einige Fische sind schwierig zu pflegen, während es bei anderen relativ einfach ist. Es kann vorkommen, dass Ihre Fische krank werden oder unter Mobbing leiden, so dass Sie ihnen Medikamente verabreichen oder sie isolieren müssen.

Temperatur

Fische sind Kaltblüter nehmen die Temperatur des Wassers an, in dem sie leben, daher spielt die Temperatur eine sehr wichtige Rolle. Die Anforderungen der Fische an die Wassertemperatur hängen von ihrem natürlichen Klima ab.

So haben sich beispielsweise Fische aus afrikanischen Seen, wie Tilapia, auf warmes Wasser (ca. 21°C) eingestellt, während Fische aus nordamerikanischen Flüssen, wie Forellen, in kaltem Wasser (12°C und darunter) gedeihen. Bei der Auswahl Ihrer Fische sollten Sie also darauf achten, welche Wassertemperatur Sie zur Verfügung stellen können.

Die Fische und Pflanzen, die Sie für Ihr Aquaponiksystem auswählen, sollten auch ähnliche Temperaturanforderungen haben. Je besser sie übereinstimmen, desto größer sind die Erfolgschancen für Ihr Aquaponiksystem.

PH-Empfindlichkeit

Die Kontrolle des pH-Werts in Ihrem Aquaponiksystem ist für die Gesundheit Ihrer Fische von entscheidender Bedeutung. Ein ungeeigneter pH-Wert kann zu schlechtem Fischwachstum und zum Tod Ihrer Fische führen. Sie müssen also wissen, was zu einem hohen oder niedrigen pH-Wert in Ihrem Aquaponiksystem führt und wie Sie die Werte innerhalb des geeigneten Bereichs ausgleichen können.

Es ist wichtig, den pH-Wert des Wassers im Aquarium mit dem des Wassers im Fischbeutel abzugleichen, wenn Sie neue Fische in Ihr System einsetzen. Der Unterschied zwischen den pH-Werten sollte nicht größer als 0,2 sein. Wie bei der Temperatur sollten die Fische und Pflanzen, die Sie für Ihr Aquaponiksystem auswählen, ähnliche Bedürfnisse in Bezug auf die PH-Empfindlichkeit haben. Dies erhöht ebenfalls Ihre Erfolgschancen.

> Für ein erfolgreiches Aquaponiksystem ist es wichtig, die richtigen Fische auszuwählen, aber es ist auch unerlässlich, eine Wartungsroutine einzurichten, insbesondere bei einer Außenanlage. Achten Sie darauf, das Wasser regelmäßig auf pH-Wert, Ammoniakgehalt und Temperatur zu testen. Regelmäßige Tests helfen Ihnen, Schwankungen zu erkennen, die problematisch sein könnten, bevor sie Ihren Fischen oder Pflanzen schaden. Regelmäßiges Ablassen von Wasser und Nachfüllen von frischem Wasser hilft ebenfalls, das Gleichgewicht zu halten. Regelmäßiges Reinigen hilft, eine Überwucherung mit Algen zu verhindern.

Vorbeugung von Fischkrankheiten

Wenn Sie bereits Erfahrungen in verschiedenen Gärtnersystemen haben, dann wissen Sie, dass es bei der Pflege Ihres Systems auf viele Faktoren ankommt. Es reicht nämlich nicht aus, nur die technischen Parameter des pH-Werts des Wassers zu überwachen oder das Verhalten Ihrer Fische zu beurteilen. Wenn Sie möchten, dass Ihre Aquaponikanlage über viele Jahre hinweg gedeiht, sollte das Thema der Vorbeugung von Fischkrankheiten in aquaponischen System immer ein wichtiges Anliegen sein.

Da die Fischtanks Ihres Systems als organischer Dünger für Ihre Pflanzen dienen, ist es wichtig, einen vitalen und gesunden Fischbestand zu erhalten, damit Ihre Pflanzen nährstoffreiches Wasser aufnehmen können. In diesem Kapitel erfahren Sie mehr über Fischkrankheiten und die Maßnahmen, die Sie ergreifen können, um das Auftreten dieser Probleme in Ihrem System zu verhindern.

Was ist eine Fischkrankheit?

Fischkrankheiten treten in der Regel dann auf, wenn es eine Anomalie oder ein Ungleichgewicht zwischen der Umgebung Ihres Aquaponiksystems, Krankheitserregern und den Fischen in Ihren Wasserbecken gibt. Unter Krankheitserregern versteht man Bakterien, Parasiten und Pilze, die sich in einer Wasserquelle schnell vermehren können. Diese drei wichtigen Erreger können durch das Einbringen von Fischen, Wasser oder die Ausbreitung von Organismen, die bereits vorher im Beckensystem vorhanden waren, schnell in eine Aquakulturumgebung gelangen.

Aus diesen und anderen Gründen ist es wichtig, eine gute Wasserqualität zu erhalten und eine stabile Routinebewirtschaftung durchzuführen, um sicherzustellen, dass das normale Immunsystem Ihres Bestands Krankheiten abwehren kann und Ihnen eine gesunde Ernte garantiert.

Ursachen von Fischkrankheiten

Fischkrankheiten sind häufig das Ergebnis abiotischer und biotischer Faktoren. Abiotische Komponenten sind nicht lebende chemische Faktoren, die die Toxizität oder die Wasserqualität beeinflussen. Biotische Faktoren hingegen sind lebende Krankheitserreger oder Organismen, die ihre Umgebung indirekt oder direkt beeinflussen können. Hier sind einige Beispiele für Krankheiten, die häufig durch diese beiden Faktoren verursacht werden:

Ammoniakvergiftung

Ammoniak ist für Fische gefährlich. Wenn der pH-Wert des Aquariums ansteigt und einen gefährlichen Stickstoffkreislauf in Gang setzt, kann dies zu einer Ammoniakvergiftung führen. Zu den sichtbaren Symptomen dieser Erkrankung gehören ungewöhnliches Schwimmen der Fische, Fressunlust, große und dunklere Kiemen sowie Rötungen der Augen und Flossen.

Häufige Ursachen für eine Ammoniakvergiftung:

- Versagen des Biofilters
- Neues Becken-Syndrom
- Niedriger Sauerstoffgehalt im Wasser
- Überbelegung der Becken mit Fischen
- Übermäßige Rationierung des Futters
- Zu viel Protein im Fischfutter
- Minimaler Wasserdurchfluss

Als Betreiber eines Aquaponiksystems können Sie diese Probleme häufig beheben, indem Sie z. B. die Wassertanks austauschen, die Wassertemperatur auf das richtige Niveau bringen, die Fütterung der Fische neu abstimmen oder die Sauerstoffzufuhr intensivieren.

Nitrit-Vergiftung

Eine Nitritvergiftung tritt auf, wenn der Nitritgehalt in Ihrem Aquarium zu hoch ist. Sie wird auch als "braunes Blut" bezeichnet, weil sich das Blut der Fische aufgrund einer Erhöhung des Methämoglobins braun verfärbt. Zu den Symptomen einer Nitritvergiftung gehören Atembeschwerden, Lethargie, braune Kiemen und Rötungen an den Flossen und Augen.

Häufige Ursachen für eine Nitratvergiftung:

- Überbelegung des Beckens mit Fischen
- Überangebot an Fischfutter
- Zu wenig Sauerstoff im Wasser
- Minimaler Wasserdurchfluss
- Schwankungen der Wassertemperatur (insbesondere dramatische Temperaturabfälle)

Um diese Probleme zu beheben, können Sie die Fischbesatzdichte des Beckens und die Fütterung der Fische neu abstimmen, die Wassertemperatur des Beckens auf ein angemessenes Niveau bringen und das Wasser im Becken ersetzen.

Temperaturstress

Fische können unter Stress leiden, wenn es zu einem schnellen Temperaturwechsel kommt oder wenn die Temperatur nicht im normalen Bereich liegt. Zu den Anzeichen für diesen Zustand gehören Lethargie, Unterkühlung, Hyperthermie und Dyspnoe oder Kurzatmigkeit.

Häufige Ursachen für Temperaturstress:

- Zusammenbruch des Thermostats
- Unzureichende Isolierung
- Fehlerhaftes Systemmanagement

Sie können das Problem angehen, indem Sie Ihr Fischbecken isolieren, einen neuen Wassererhitzer installieren oder einen Kühlmechanismus in Ihre Anlage einbauen.

Flossenfäule

Flossenfäule ist eine Krankheit, die durch Bakterien verursacht wird. Anzeichen dieser Krankheit sind Farbverlust und Schäden an den Fischflossen. Zu den Ursachen gehören miserable Wasserbedingungen und bakterielle Infektionen. Wenn Sie diese Symptome bei Ihren Fischen feststellen, sollten Sie die infizierten Fische isolieren und in einem anderen Becken behandeln. Sie können entweder medikamentöses Futter geben oder das Medikament direkt im Wasser verdünnen.

Weiße Baumwollsaprolegnie

Der auslösende Faktor für diese Krankheit ist in der Regel ein Pilz. Einige der Symptome sind weißer, roter oder brauner Baumwollbewuchs an den Kiemen, Flossen und Augen. Sie können diese Krankheit behandeln, indem Sie den infizierten Fischen ein ausgedehntes Formalin- oder Salzbad verabreichen. Wenn Läsionen vorhanden sind, kann man sie oft mit Povidon-Jod behandeln.

Ankerwurm und Läuse

Obwohl er Ankerwurm heißt, handelt es sich bei diesem Parasiten um ein Krustentier aus der Gattung Lernaea. Anzeichen für diese Krankheit sind rote Flecken und Parasitenspuren am Maul, auf der Haut und an den Kiemen der Fische. Ähnlich wie bei der White-Cotton-Krankheit können Sie den mit dem Ankerwurm infizierten Fischen ein ausgedehntes Salzbad verabreichen. Außerdem können Sie eine Formalin- oder Wasserstoffperoxidlösung anwenden, um die Behandlung zu unterstützen.

Unter diesen Umständen müssen Sie wachsam bleiben und das Verhalten und Aussehen Ihrer Fische täglich beobachten.

Einerseits ist es wichtig, dass Sie vorbeugende Maßnahmen ergreifen, damit solche Probleme gar nicht erst auftreten. Im Folgenden finden Sie Möglichkeiten, wie Sie Fischkrankheiten in Ihren Aquaponik-Gärten vorbeugen können.

Vorbeugung von Fischkrankheiten in aquaponischen Systemen

Um eine erfolgreiche Ernte zu gewährleisten, müssen Sie sich um die Gesundheit Ihrer Fische kümmern. Eine Möglichkeit, dies zu tun, besteht darin, routinemäßige Bewirtschaftungspraktiken zu befolgen, die Ihnen helfen, einen gesunden Fischbestand aufzubauen. Hier sind einige wichtige Maßnahmen, die Sie ergreifen können, um zu verhindern, dass Ihre Aquaponikanlage von Krankheiten befallen wird.

- Füttern Sie Ihre Fische mit einer gesunden und nahrhaften Ernährung
- Kaufen Sie Fische nur von einer zuverlässigen und professionellen Einrichtung
- Beobachten Sie die wichtigsten Parameter und halten Sie sie stets auf dem idealen Niveau
- Entfernen Sie nicht gefressenes Fischfutter und alle Elemente, die eine Quelle der Verschmutzung darstellen
- Untersuchen Sie neue Fische auf Symptome von Krankheiten. Erwägen Sie eine 45-tägige Quarantäne für neue Fische, bevor Sie sie in Ihr Primärsystem einsetzen.
- Denken Sie daran, Fischfutter an einem kühlen und trockenen Ort zu lagern, um Schimmelbildung zu vermeiden.
- Sorgen Sie für eine ausreichende Belüftung, um einen optimalen Gehalt an gelöstem Sauerstoff

aufrechtzuerhalten.

- Halten Sie die Aquarien von direkter Sonneneinstrahlung fern, aber nicht in völliger Dunkelheit.
- Halten Sie Schnecken, Amphibien, Vögel und Nagetiere fern, die Quellen von Parasiten oder Krankheitserregern sein können.
- Bieten Sie neuen Fischen vorsorglich ein Salzbad an, um Parasiten zu beseitigen oder das Anfangsstadium von Infektionen zu heilen.

PFLANZENZUCHT IN DER AQUAPONIK

Wenn es um den Anbau von Pflanzen geht, ist die Aquaponik insgeheim eines der nachhaltigsten Systeme für die Lebensmittelproduktion. Die Aquaponik ist eine Kombination aus Aquakultur (Aufzucht von Fischen) und Hydroponik (Verwendung von Nährstoffen und Wasser anstelle von Erde für den Pflanzenanbau). Dieses System erfordert in der Regel weniger Wasser, weniger Energie und weniger Arbeit als die traditionelle Landwirtschaft.
Sowohl das Wasser als auch die Nährstoffe in einem aquaponischen System werden in einem geschlossenen Kreislauf recycelt und sind dabei oft effizienter als die herkömmliche Bodenkultur.

Es ist bekannt, dass warme Süßwasserfische den Blattpflanzen am meisten nützen, während sich andere Pflanzen je nach Größe oder Art des Aquaponiksystems und der verfügbaren Sonneneinstrahlung besser anpassen. Viele Züchter in der Aquaponik verwenden Tilapia in ihren Becken, obwohl auch Welse, Forellen, Barsche oder Krebstiere wie Flusskrebse und sogar Salzwasserfische verwendet werden können.

Sowohl die Fische als auch die Pflanzen, die Sie für Ihr Aquaponiksystem auswählen, sollten ähnliche Temperatur- und pH-Bedürfnisse haben. Während die meisten kommerziellen Züchter zu Blattpflanzen wie Salat und Kräutern tendieren, ist es auch möglich, exotischere Früchte und Gemüse wie Bananen und Granatäpfel anzubauen.

Kopfsalat

Temperatur: 15 - 21° C pH-Wert: 6,0 – 6,2

Blattsalat ist wahrscheinlich die am häufigsten angebaute Aquaponikpflanze, insbesondere weil sie auch die einfachste und produktivste ist. Der Nährstoffbedarf ist gering, der pH-Wert muss zwischen 6,0 und 6,2 liegen und die Temperatur sollte zwischen 15 und 16 Grad Celsius liegen. Kopfsalat hat außerdem einen kürzeren Wachstumszyklus und begehrt das Sonnenlicht, so dass er ideal für Aquaponiksysteme im Freien ist. Der Pflegebedarf beschränkt sich in der Regel darauf, den pH-Wert einmal pro Woche zu überprüfen und bereits nach einem Monat ist der Salat erntereif.

Grünkohl

Temperatur: 12 - 21° C pH-Wert: 6,0 – 8,0

Grünkohl wächst in Aquaponiksystemen so gut, dass er leicht überquillt, wenn er nicht regelmäßig geerntet wird. Außerdem verträgt Grünkohl einen etwas höheren pH-Wert und hat einen geringeren Nährstoffbedarf als der Kopfsalat. Er kann direkt im Freien in der Sonne gepflanzt werden, solange die Temperatur zwischen 12 und 21 Grad Celsius liegt. Die Pflanzen gedeihen in der Regel in allen Systemen der Aquaponik, dennoch ist die Wahl von Kies als Nährboden zu bevorzugen. Nach etwa 5 bis 6 Wochen ist der Grünkohl ernte- und verzehrfertig.

Spinat

Temperatur: 7 - 23° C	
pH-Wert: 5,0 – 8,0	

Geringer Nährstoffbedarf und ein größerer Spielraum für Fehler in Bezug auf den pH-Wert machen Spinat zu einem weiteren erstaunlichen Blattgemüse, das in einem Aquaponik-Garten gepflanzt werden kann. Diese Pflanze mag Temperaturen zwischen 7 und 23 Grad Celsius, aber zu viel Sonne im Freien kann zum Verblühen und zu einem bitteren Geschmack der Ernte führen. Da er kürzere Wurzeln hat, braucht Spinat kein tiefes Beet, um zu gedeihen, was ihn ideal für das System der Nährstofftechnik macht.

Tomaten

Temperatur: < 30° C	
pH-Wert: 6,0 – 6,2	

Obwohl Tomaten einen höheren Nährstoffbedarf haben, kommen sie mit wärmeren Temperaturen zurecht und wachsen hervorragend im Wasser. Da es sich um nährstoffreiche Pflanzen handelt, sind Tomaten am besten für größere Systeme geeignet, die mehr Zeit benötigen, um sich zu etablieren. Genau wie Tomaten, die in traditionellen Gärten angebaut werden, benötigen aquaponische Tomaten wahrscheinlich eine Stützstruktur, um ihr hohes Wachstum zu bewältigen - bei manchen Pflanzen bis zu einem Meter. Die beste Wahl für diese Pflanzen sind Fische, die wärmeres Wasser mögen, wie Tilapia, Koi und Goldfisch.

Brunnenkresse

Temperatur: 10 – 30° C
pH-Wert: 5,0 – 7,0

Das größte Problem bei der aquaponischen Brunnenkresse ist in der Regel, wie schnell sie wächst und sich vermehrt. Aus einer kleinen Pflanze werden schnell viele weitere und ehe man sich versieht, hat man viel mehr Kresse, als man braucht. Außerdem kann sie, wenn sie nicht regelmäßig geerntet wird, leicht das Anzuchtbeet verstopfen und Probleme für das übrige System verursachen. Brunnenkresse kann sogar kreisförmig angebaut werden, da sie sich leicht aus Stecklingen und Samen vermehren lässt, was bedeutet, dass man sie kontinuierlich und für wenig bis gar keine zusätzlichen Kosten anbauen kann.

Radieschen

Temperatur: 12 – 15° C
pH-Wert: 6,0 – 7,0

Von weißem Daikon bis zum klassischen roten Radieschen - Radieschen sind eines der einfachsten Gemüse, die in Aquaponik angebaut werden können. Diejenigen, die sie regelmäßig anbauen, schwören auf die Verwendung von Holzfasern, um die Keimung der Samen zu unterstützen, aber auch Lehm und Bimsstein sind gute Nährböden für Radieschen. Sie bevorzugen kühlere Temperaturen zwischen 12 und 15 Grad Celsius und einen pH-Wert zwischen 6,0 und 7,0, weshalb häufig Tilapia und Koi verwendet werden.

Möhren

Temperatur: 15 - 18° C
pH-Wert: 7,0

Karotten brauchen viel Sonnenlicht, um zu gedeihen, obwohl sie kühlere Temperaturen zwischen 15 und 18 Grad Celsius bevorzugen. Dieses Gemüse gilt als schwierig zu züchten, aber alles, was es braucht, ist ein richtig eingerichtetes Aquaponiksystem mit einem feinen, pH-neutralen Nährboden und mindestens 6 bis 8 Stunden direktem Sonnenlicht täglich. Ein Aquaponiksystem eignet sich am sehr gut für Karotten, da sie bei anderen Methoden der Landwirtschaft oft nicht gut gedeihen und in zwei bis drei Monaten aus Samen geerntet werden können.

Erdbeeren

Temperatur: 15 - 26° C
pH-Wert: 5,5 – 6,5

Erdbeeren lassen sich am besten in einem vertikalen Aquaponiksystem anbauen, da sie sich schnell vermehren und sehr wenig Platz benötigen. Der einzige Haken ist, dass die meisten Aquaponik-Erdbeerpflanzen nur ein paar einzelne Früchte hervorbringen. Daher ist es ratsam, so viele wie möglich zu pflanzen und ihnen viel Platz zu geben, wenn man einen großen Ertrag erzielen möchte. Sie haben einen mittleren bis hohen Nährstoffbedarf und bevorzugen einen pH-Wert zwischen 5,5 und 6,5 sowie eine Temperatur zwischen 15 und 26 Grad Celsius. Im Gegensatz zu Blattgemüse benötigen Erdbeeren mehr Kalium, so dass die meisten Gärtner sie erst in ihr Aquaponiksystem einpflanzen, wenn sie sich bereits besser etabliert haben.

Basilikum

Temperatur: 18 - 28° C pH-Wert: 6,5 - 7,0

Die natürliche Fähigkeit dieses Krauts, große Hitze und Feuchtigkeit zu vertragen, macht es zu einer idealen Pflanzen für ein Aquaponiksystem. Es wächst schnell, keimt in weniger als einer Woche und ist nach nur 25 Tagen ernte- und verzehrfertig. Basilikum hat einen geringen Nährstoffbedarf und bevorzugt eine Temperatur zwischen 18 und 28 Grad Celsius. Wie bei herkömmlichem Basilikum, das in der Erde wächst, ist es wichtig, die Blüten zu entfernen, sobald sie sich bilden, um den bestmöglichen Ertrag zu erhalten.

Minze

Temperatur: 18 - 21° C pH-Wert: 6,5 – 7,0

Ganz gleich, für welche Minzsorte Sie sich entscheiden, sie wird in einem Aquaponiksystem mit Sicherheit gedeihen. Das ist nicht immer gut, denn Minze wächst so schnell, dass die Gefahr besteht, dass sie das gesamte Anbausystem überwältigt und das Wachstum der übrigen Pflanzen behindert.

Wenn Sie sich dafür entscheiden, Minze zu pflanzen, pflanzen Sie diese 18 bis 24 Zentimeter voneinander entfernt, damit die Wurzeln nicht um wertvolles Wasser und Nährstoffe konkurrieren. Minze benötigt außerdem einen Halbschatten, Temperaturen zwischen 18 und 21 Grad Celsius und einen pH-Wert zwischen 6,5 und 7,0.

Gurke

Temperatur: 18 - 22° C
pH-Wert: 6,5 – 7,0

Als Liebhaber des warmen Wetters gedeihen Gurken am besten an einem Ort mit viel Sonnenlicht und Luftfeuchtigkeit (künstliche Beleuchtung beim Anbau im Haus). Behalten Sie ihre komplexen Wurzeln im Auge, damit sie die Leitungen im Aquaponiksystem nicht verstopfen, und halten Sie die Pflanzen in einem Abstand von 11 bis 23 Zentimetern, damit sie den anderen Pflanzen nicht den Stickstoff wegnehmen.

Hier sehen Sie eine Grafik, die verschiedene Pflanzenarten für ein Aquaponiksystem nach Nährstoffbedarf unterteilt. Schwachzehrer benötigen weniger Nährstoffe als Starkzehrer.

Schwachzehrer	Mittelzehrer	Starkzehrer
• Basilikum • Feldsalat • Salbei • Rosmarin	• Kopfsalat • Mangold • Pflücksalat • Spinat	• Gurke • Kohlarten • Paprika • Tomate

Die Bepflanzung

Einer der Vorteile der Aquaponik besteht darin, dass Sie so gut wie alle Pflanzen wie Salat, Spinat, Karotten, Obstpflanzen wie Erdbeeren und sogar Kräuter und Blumen anbauen können. Die Pflanzen können von Samen bis zu Setzlingen gezüchtet und in Ihre Anzuchtbeete, Schwimmplatten oder PVC-Rohre gepflanzt werden.

Die Bepflanzung in Aquaponik kann sehr einfach sein. In den meisten Fällen können Sie sie wie ein herkömmliches Gartenbeet behandeln. Es gibt jedoch ein paar grundlegende Dinge, die Sie wissen müssen, bevor Sie mit der Anpflanzung in Ihrem Aquaponik-Garten beginnen.

Der Unterschied zwischen traditioneller Bepflanzung und der Aquaponik

Bei der traditionellen Bepflanzung wird Dünger für den intensiven Anbau im Boden verwendet. Bei der Aquaponik werden Fischabfälle als Dünger für die Pflanzen verwendet, die in einem geschlossenen Nährboden wachsen.
Der Wasserverbrauch in der Aquaponik ist viel geringer als im traditionellen Pflanzenanbau. Aquaponik verbraucht nur etwa 10 Prozent des Wassers, das für den Anbau der gleichen Pflanze in der Erde benötigt wird.
Für den traditionellen Pflanzenanbau werden große Flächen benötigt, während die Aquaponik keine großen Flächen benötigt. Sie können ein Aquaponik-System in Kellern, auf Dächern, in Garagen oder in einem kleinen Hinterhof einrichten.
Aquaponik-Anlagen können das ganze Jahr über betrieben

werden, so dass sie im Vergleich zu herkömmlichen Anlagen höhere Erträge liefern.

Quelle der Nährstoffe für Aquaponikpflanzen

In der Aquaponik wird den Pflanzen Stickstoff in Form von Nitrat zugeführt, das durch bakterielle Nitrifikation aus dem Ammoniak der Fischabfälle umgewandelt wird. Die festen Abfälle werden von heterotrophen Bakterien abgebaut, um die essenziellen Nährstoffe an das Wasser abzugeben.

Es ist wichtig, die Fische ausgewogen und vollständig zu ernähren, um sicherzustellen, dass die Pflanzen nicht unter Nährstoffmangel leiden. Manchmal kann es jedoch vorkommen, dass ein perfekt ausgewogenes Aquaponiksystem einen Mangel an bestimmten Nährstoffen wie Eisen, Kalium oder Kalzium aufweist. Das liegt daran, dass Futterpellets zwar ein vollständiges Futter für die Fische sind, aber nicht unbedingt alles, was für das Pflanzenwachstum benötigt wird. Fische benötigen nicht die gleiche Menge an Eisen, Kalium und Kalzium wie die Pflanzen. Aus diesem Grund kommt es in Aquaponiksystemen zu Nährstoffmangel.

Nährstoffdefizite können für die Pflanzenproduktion problematisch sein, aber es gibt Lösungen. Bei Eisenmangel kann Eisen in Form von chelatiertem Eisen zugesetzt werden, während Kalzium und Kalium bei der Pufferung des Wassers zur Korrektur des pH-Werts zugesetzt werden. Diese werden als Kalzium- oder Kaliumhydroxid oder als Kalzium- und Kaliumkarbonat zugesetzt.

Art und Zeitpunkt der Bepflanzung

Verschiedene Pflanzen wachsen unter unterschiedlichen Bedingungen. Wenn Sie Pflanzen in Ihrem Aquaponiksystem anbauen, müssen Sie unbedingt berücksichtigen, welche Art von Anbaubett Sie verwenden. Einige Pflanzen wie Salat und Blattgemüse gedeihen gut in einem schwimmenden Floß, während Wurzelgemüse und Obstpflanzen besser in einem Substratbett gedeihen.

Bei der Entscheidung, welche Pflanzen Sie in Ihrem Aquaponiksystem anbauen wollen, ist es wichtig, dass Sie Gemüsesorten wählen, die in Ihrem Klima am besten gedeihen. Die Temperatur ist schwer zu kontrollieren, selbst wenn Sie in einem Gewächshaus anbauen, und die Pflanzen gedeihen besser, wenn die Temperatur ihrem normalen Lebensraum entspricht. Bauen Sie also in den kälteren Monaten Kaltwetterpflanzen und im Sommer Warmwetterpflanzen an.

Am besten pflanzen Sie in Ihrem Aquaponiksystem eine Mischung aus verschiedenen Gemüsesorten an. Pflanzen Sie einige schnell wachsende Pflanzen wie Kopfsalat und langsam wachsende Pflanzen wie Kräuter, Tomaten, Paprika und dunkles Blattgemüse wie Grünkohl und Mangold. Durch die Sukzessionspflanzung können einige Ihrer Pflanzen ausreifen und geerntet werden, während die neueren Pflanzen wachsen und nachwachsen. Durch die Sukzessionspflanzung wird sichergestellt, dass die Pflanzen ständig Nährstoffe aus dem Wasser aufnehmen.

Wichtige Überlegungen vor der Bepflanzung

Planung der Bepflanzung

Das Layout Ihres Anzuchtbeetes wird Ihre Pflanzenproduktion auf dem verfügbaren Platz maximieren. Wählen Sie vor der Bepflanzung mit Bedacht aus, welche Pflanzen Sie anbauen wollen, und berücksichtigen Sie dabei den Platzbedarf der einzelnen Pflanzen. Ordnen Sie die Pflanzen so an, wie Sie sie in Ihr Anzuchtbeet pflanzen, und berücksichtigen Sie dabei ihren Nährstoffbedarf, ihre physische Kompatibilität und ihre leichte Zugänglichkeit. Es hat sich bewährt, die Anordnung der Beete auf Papier zu planen, damit Sie eine gute Vorstellung davon haben, wie alles aussehen wird.

Pflanzenvielfalt

Pflanzen sind anfällig für Krankheiten und Parasiten. Wenn nur eine Pflanze angebaut wird, ist die Wahrscheinlichkeit eines starken Befalls höher, was das gesamte Aquaponiksystem aus dem Gleichgewicht bringen kann. Aus diesem Grund ist es ratsam, eine breite Palette von Pflanzen zu pflanzen.

Gestaffelte Bepflanzung

Es ist wichtig, die Bepflanzung zu staffeln, damit ständig geerntet und neu bepflanzt werden kann, was zur Aufrechterhaltung des Nährstoffgleichgewichts im System beiträgt. Eine zeitlich versetzte Bepflanzung sorgt außerdem für eine gleichmäßige Versorgung mit Pflanzen auf dem Tisch.

Maximieren Sie die Fläche Ihres Anzuchtbeetes: Nutzen Sie die Fläche Ihres Anzuchtbeetes sowie den vertikalen Raum und die Zeit optimal aus. Pflanzen Sie zum Beispiel Gemüse mit kurzer Wachstumszeit wie Salatgrün zwischen Pflanzen mit längerer Wachstumszeit wie Auberginen oder Tomaten. Dies hat den

Vorteil, dass Sie das Salatgemüse ernten können und gleichzeitig mehr Platz für die Reifung der Auberginen haben.

Das Saatgut keimen lassen

Alle Samen brauchen Wasser, Sauerstoff und die richtige Temperatur, um zu keimen. Wenn das Saatgut den entsprechenden Bedingungen ausgesetzt wird, werden Wasser und Sauerstoff durch die Samenschale aufgenommen. Dann vergrößern sich die Zellen des Embryos, und die Samenschale bricht auf, so dass die Wurzel und anschließend der Spross mit den Blättern und Stängeln entstehen können.

Manche Samenschalen sind so hart, dass Wasser und Sauerstoff nur durchdringen können, wenn die Schale aufbricht. Wenn Sie die Samen einweichen oder anritzen, wird die Samenschale aufgebrochen und der Samen keimt schneller. Übermäßige Bewässerung und Sauerstoffmangel, zu tiefes Einpflanzen der Samen und trockene Bedingungen können eine schlechte Keimung verursachen.

Techniken für die Aussaat

Im Folgenden werden die drei wichtigsten Methoden für den Start von Saatgut in Aquaponik beschrieben.

Direkte Aussaat

Einige Samen können direkt in Ihre Anzuchtbeete gesät werden. Diese Methode wird in einem medienbasierten System angewandt, bei dem die Nährböden wie Kies oder Schotter das Wachstum der Samen unterstützen.

Verteilen Sie die Samen gleichmäßig, drücken Sie sie unter die oberste trockene Schicht des Anzuchtmediums und warten Sie dann auf die natürliche Keimung. Diese Methode eignet sich gut für Blattgemüse und Kräuter wie Kopfsalat und Mangold. Allerdings keimen einige Samen unter diesen Bedingungen besser als andere, so dass Sie viele Samen aussäen müssen, in der Erwartung, dass nicht alle keimen werden.

Der Vorteil der Direktsaat besteht darin, dass Sie die Pflanzen nicht in Ihr Anzuchtbeet umpflanzen müssen, so dass Sie die Wurzeln der Pflanzen nicht beschädigen können.

Starter-Stecklinge

Die Aussaat von Samen in einem separaten Medium und das Einsetzen in das Anzuchtbeet ist eine gute Möglichkeit, die Pflanzen im Anzuchtbeet anzuordnen. Starter-Plugs eignen sich am besten für Samen, die schwieriger zu keimen sind oder mehr Zeit und Pflege benötigen, wie Tomaten, Paprika und Auberginen. Sobald die Samen die gewünschte Größe erreicht haben, können sie in Ihr Anzuchtbeet übertragen werden, indem Sie ein kleines Loch machen und den Keimling vorsichtig hineinsetzen. Bedecken Sie den Keimling dann vorsichtig mit Ihrem Anzuchterde.

Es gibt verschiedene Anzuchtsubstrate, z. B. Steinwolle oder Torf. Komprimierter Torf, Steinwolle und Papiertücher werden am häufigsten verwendet, da sie preiswert, steril und leicht zu finden sind.

Stecklinge und Klonen

Einige Pflanzen lassen sich in Aquaponik anbauen, indem man Stecklinge direkt in das Anzuchtbeet steckt. Schnell wachsende Kräuter wie Basilikum und Minze treiben aus Stecklingen aus und sind damit eine gute Möglichkeit, ohne Setzlinge zu pflanzen. Bewurzelungshormone, die neue Wurzeln ausbilden, können verwendet werden, indem das abgeschnittene Ende in das Bewurzelungshormon getaucht wird.

Umpflanzen von Setzlingen

Sie können Setzlinge im Handel kaufen oder selbst Samen aussäen. Sobald die Samen gekeimt sind, werden sie in guter Erde und bei gutem Licht wachsen. Wenn Sie Ihre Setzlinge aus der Erde verpflanzen, füllen Sie ein kleines Gefäß mit Wasser und spülen Sie den Schmutz vorsichtig von den Wurzeln ab, bevor Sie die Pflanze so tief in das Medium setzen, dass die Wurzeln das Wasser berühren. Das Auftragen von Bewurzelungsmitteln kann hilfreich sein, da die Wurzeln der Pflanze beim Umpflanzen manchmal beschädigt werden können. Das Bewurzelungspräparat fördert das schnelle Nachwachsen.

Der pH-Wert in der Aquaponik

Einer der wichtigsten Faktoren für die Aufrechterhaltung eines gesunden, funktionierenden Aquaponiksystems ist die richtige Steuerung des pH-Werts. Aufgrund der zahlreichen Faktoren, die zu Schwankungen des pH-Werts beitragen können, machen Einsteiger jedoch häufig Fehler, die zu ungesunden Fischen und weniger ertragreichen Pflanzen führen. Je besser Sie die Rolle des pH-Werts in der Aquaponik verstehen, desto geringer ist die Wahrscheinlichkeit, dass Sie später auf Komplikationen stoßen.

In diesem Kapitel erfahren Sie alles, was Sie über den pH-Wert in der Aquaponik wissen müssen, damit Sie ein gesundes, blühendes System aufrechterhalten können.

Was ist der pH-Wert?

Der pH-Wert oder die Wasserstoffstärke ist eine logarithmische Skala zur Messung des Säure- oder Basengehalts einer Lösung auf der Grundlage der Wasserstoffionenkonzentration (H+).

Die Wasserstoffionenkonzentration in einer Lösung bestimmt den Säuregrad oder die Alkalität einer Lösung. In sauren Lösungen ist die Wasserstoffionenkonzentration höher als die Hydroxidionenkonzentration, während in alkalischen Lösungen die Wasserstoffionenkonzentration niedriger als die Hydroxidionenkonzentration ist.

Die 1884 eingeführte Arrhenius-Theorie der Säuren und Basen ist eine einfache Theorie, die die Klassifizierung von Verbindungen als Säuren oder Basen auf der Grundlage der Art der Ionen erklärt, die sich bilden, wenn sie zu Wasser hinzugefügt werden.

Sie besagt, dass eine Säure, wenn sie zu Wasser gegeben wird, ein Wasserstoffion (H^+) an das Wasser abgibt und H_3O^+ bildet.

Je höher die Konzentration von H_3O^+ (oder H^+) in einer Lösung ist, desto saurer ist die Lösung. Im Gegensatz dazu bildet eine basische Substanz OH^- Ionen. Je höher die Konzentration von Hydroxid-Ionen (OH^-) in einer Lösung ist, desto basischer ist die Lösung.

Zur Bestimmung des pH-Werts auf der Grundlage der Wasserstoffionenkonzentration wird die folgende Gleichung verwendet.

$$pH = -\log[H^+]$$

Die pH-Skala reicht von 0 bis 14. Ein pH-Wert unter 7 bedeutet, dass eine Lösung sauer ist, ein pH-Wert gleich 7 ist neutral und ein pH-Wert über 7 bedeutet, dass eine Lösung basisch ist.

Je niedriger der pH-Wert, desto saurer ist die Lösung und je höher der pH-Wert, desto alkalischer ist sie.

Es gibt drei Hauptmethoden, um den pH-Wert einer Lösung zu messen:

- Ein Papierstreifen, der mit einem pH-Farbstoff beschichtet ist, kann mit einer pH-Farbkarte verwendet werden.
- Ein pH-Testkit kann für Flüssigkeiten mit einer pH-Farbkarte verwendet werden.
- Ein digitales pH-Messgerät kann verwendet werden, um den pH-Wert der Lösung automatisch zu bestimmen.

Auswirkungen auf die Nährstoffaufnahme von Pflanzen, Fischen und Bakterien

Die Steuerung des pH-Werts ist in der Aquaponik für die Gesundheit des gesamten Systems von entscheidender Bedeutung, ebenso wie bei der Hydrokultur und der Gartenarbeit in der Erde.
Allerdings ist die Steuerung des pH-Werts in Aquaponik-Ökosystemen eine größere Herausforderung, da hier drei wichtige lebende Organismen vorkommen - Pflanzen, Fische und Bakterien, die alle unterschiedliche pH-Werte bevorzugen. Da sich der pH-Wert des Bodens auf die Verteilung einiger Pflanzennährstoffe auswirkt, hat er großen Einfluss auf die Verfügbarkeit von Nährstoffen für Pflanzen und die Nährstoffaufnahme durch Pflanzen. Somit wirkt sich der pH-Wert des Bodens auch auf das Pflanzenwachstum aus. Die meisten Pflanzennährstoffe sind im Bereich von 6,5 bis 7,5 verfügbar, so dass der ideale pH-Wert des Bodens in der Nähe von neutral liegt. Extreme pH-Werte im Boden können sich nachteilig auf das Überleben der Pflanzen auswirken.

In sehr alkalischen Böden können Mikronährstoffe wie Zink und Kupfer chemisch nicht mehr verfügbar sein. In sehr sauren Böden werden Mikronährstoffe wie Kalzium, Magnesium und Phosphor nicht absorbiert, da die Verfügbarkeit abnimmt. Daher ist es wichtig, einen pH-Wert innerhalb des optimalen Bereichs zu halten.

Optimaler pH-Bereich

Der optimale pH-Bereich für Fische hängt von der Fischart ab, die für das Aquaponiksystem verwendet wird. Während

Salzwasserfische einen alkalischen pH-Wert von 8,0 oder mehr bevorzugen, gedeihen Süßwasserfische bei einem leicht sauren pH-Wert zwischen 5,5 und 7,5. Der optimale pH-Bereich für Fische liegt also zwischen 6,5 und 9,0. Außerhalb dieses optimalen pH-Bereichs, wenn der pH-Wert zu hoch oder zu niedrig ist, können die Fische gestresst werden und es besteht ein erhöhtes Risiko, dass sie verenden.
Der pH-Wert des Wassers kann auch beeinflussen, wie löslich und giftig Chemikalien und Schwermetalle im Wasser sind, was das Wohlbefinden der Fische stark beeinträchtigen kann.

Bakterien sind im Allgemeinen sehr anpassungsfähig. Allerdings hat jeder Mikroorganismus einen optimalen pH-Wert für sein Wachstum.
Der optimale pH-Bereich für das Wachstum der meisten Bakterien liegt zwischen 6,5 und 7,0. Einige Bakterien können jedoch auch unter sehr sauren Bedingungen gedeihen. Einige Bakterien können sogar pH-Werte bis zu 1 tolerieren. Auch wenn diese Bakterien unter sehr sauren Bedingungen gedeihen können, liegt ihr innerer pH-Wert viel näher an neutral.

Da Pflanzen im Allgemeinen eine leicht saure Umgebung bevorzugen, während Fische und Bakterien einen leicht alkalischen Zustand bevorzugen, wird in Aquaponiksystemen in der Regel ein pH-Wert im Bereich von 6,5 bis 7,5 beibehalten.

Pufferkapazität und Wasserhärte

Der pH-Wert des Wassers im Aquaponiksystem wird durch die Wasserhärte beeinflusst, die die Pufferkapazität des Wassers bestimmt. Die Pufferkapazität bezieht sich auf die Fähigkeit des Wassers, einen stabilen pH-Wert trotz kleiner Veränderungen

wie der Zugabe von Säuren oder Basen beizubehalten. Wenn Sie kein destilliertes Wasser verwenden, werden wahrscheinlich einige gelöste Mineralsalze vorhanden sein, die sich auf den pH-Wert des Wassers auswirken.
Der Begriff Wasserhärte wird verwendet, um die Konzentration dieser gelösten Mineralsalze im Wasser zu beschreiben. Je höher die Konzentration der Mineralien ist, desto härter ist das Wasser und umgekehrt.

KH und GH

Es gibt zwei Hauptarten von Wasserhärte - Karbonathärte (KH) und allgemeine Härte (GH).
Die Karbonathärte bezieht sich auf die Pufferkapazität oder Alkalinität des Wassers, während die allgemeine Härte die Konzentration von Kalzium- und Magnesiumionen angibt.
Die Karbonathärte spielt eine größere Rolle bei der Bestimmung des Pufferpotenzials des Aquaponiksystems zur Stabilisierung des pH-Werts. Puffer sind wichtig, um eine dramatische oder abrupte Änderung des pH-Werts zu verhindern, die für die Fische im System tödlich sein kann.

Puffer spielen auch eine wichtige Rolle bei der Erhaltung der Gesundheit der Bakterien im System. Eine sehr niedrige Karbonathärte kann zu einem extrem niedrigen pH-Wert führen, der die meisten Bakterien abtötet.
Für ein aquaponisches System liegt der optimale KH-Wert über 4,0, wodurch ein hohes Pufferpotenzial für einen stabileren pH-Wert gewährleistet wird. Der KH-Wert eines Aquaponiksystems kann mit einem speziellen Wassertest-Kit gemessen werden.

Um den KH-Wert eines Systems zu erhöhen, wenn er unter den

optimalen Wert von 4,0 dKH fällt, können Sie dem System 2 ½ Teelöffel Kaliumbicarbonat pro 100 Gallonen Wasser hinzufügen, um den dKH-Wert zu erhöhen.

Ursachen für Schwankungen des ph-Wert

Es ist wichtig, sich der Faktoren bewusst zu sein, die zu Schwankungen des pH-Wertes in Ihrem System führen, um einen nahezu neutralen Wert zu erhalten.
Es gibt mehrere externe Faktoren, die zu einer Erhöhung oder Senkung des pH-Wertes in einem Aquaponiksystem führen können.

Ein Anstieg des pH-Wertes ist in der Regel auf Karbonatablagerungen im System zurückzuführen, die durch das verwendete harte Wasser verursacht werden können. Das verwendete Nährmedium kann ebenfalls dazu beitragen, ebenso wie die Materialien, die für den Bau der Becken oder Beete verwendet werden, einschließlich Kalkstein und Beton.
Obwohl ein hoher pH-Wert bei der ersten Inbetriebnahme des Systems üblich ist, kann eine gut etablierte Bakterienkolonie den pH-Wert schließlich senken, indem sie die Bildung von Karbonat durch den Nitrifikationsprozess verhindert.
Ein sehr hoher pH-Wert kann zu schlechtem Pflanzenwachstum und schlechter Entwicklung von Früchten und Blüten führen.

Ein Absinken des pH-Wertes ist in der Regel auf den Nitrifikationsprozess zurückzuführen, bei dem Fischabfälle in Pflanzennahrung umgewandelt werden, was den Säuregehalt des Wassers im System erhöht. Ein Absinken des pH-Werts kann auch auf das Material zurückzuführen sein, das für den Bau des Aquaponiksystems verwendet wurde, oder auf die Art der angebauten Pflanzen. Ein niedriger pH-Wert sollte angehoben werden, um Probleme mit den Fischen und Bakterien im System zu vermeiden.

Wie man den pH-Wert in Aquaponiksystemen einstellt

Ein Puffer kann dabei helfen, den pH-Wert des Wassers im Aquaponiksystem zu regulieren, allerdings müssen Sie möglicherweise eingreifen, wenn der pH-Wert zu hoch oder zu niedrig wird.

Wenn der pH-Wert zu niedrig ist, müssen Sie die Alkalinität des Wassers erhöhen, um den pH-Wert anzuheben. Dies kann geschehen, indem man Kalzium- und Kaliumkarbonat in gleichen Mengen mischt und dem Wasser hinzufügt. Karbonate werden bevorzugt, da sie nicht ätzend sind und dem Karbonatpuffer Stärke verleihen. Sie können auch einfache Hydroxide wie Natriumhydroxid hinzufügen, um den pH-Wert des Wassers anzuheben.

Wenn der pH-Wert zu hoch ist, müssen Sie den Säuregehalt des Wassers erhöhen, um den pH-Wert zu senken. Dies kann durch Zugabe von Phosphorsäure geschehen, die sicher und wirksam ist. Dadurch wird dem System auch Phosphat zugeführt, das den Pflanzen weitere Nährstoffe liefert. Ein Umkehrosmosefilter (RO) kann ebenfalls verwendet werden, um einen zu hohen pH-Wert zu verhindern. Umkehrosmosefilter können die Karbonate aus dem Wasser entfernen, so dass ein sehr reines, karbonatfreies Wasser mit einem niedrigeren pH-Wert entsteht.

Tipps für Einsteiger

- Verwenden Sie zur Senkung des pH-Werts niemals Essig oder Zitronensäure, da diese antibakteriell und herbizid wirken.
- Überwachen Sie den pH-Wert ständig und passen Sie ihn an, um sicherzustellen, dass Ihr Aquaponiksystem immer richtig funktioniert.
- Achten Sie darauf, den pH-Wert schrittweise zu verändern, um die lebenden Elemente Ihres Systems nicht zu schockieren.

> Der richtige pH-Wert ist entscheidend für ein gut funktionierendes Aquaponiksystem. Jedes Lebewesen im System, ob Fische, Pflanzen oder Bakterien, hat seinen eigenen idealen pH-Bereich, aber ein Wert zwischen 6,5 und 7,5 sollte ausreichen. Halten Sie einen angemessenen KH-Wert von über 4,0 aufrecht und fügen Sie bei Bedarf Kaliumbicarbonat hinzu.

Beleuchtung für innenbetriebene Aquaponiksysteme

Unabhängig davon, ob Sie Ihr System im Innenbereich oder in einem Gewächshaus anbauen, müssen Sie den Lichtbedarf der Pflanzen zu 100 % decken, damit sie richtig gedeihen. Wenn Sie nicht die richtige Beleuchtung für Ihr System einrichten, könnten Sie die finanziellen und physischen Ressourcen verschwenden, die Sie in den Bau und die Planung Ihres Aquaponiksystems investiert haben.

In diesem Kapitel wird die Beleuchtung für Aquaponiksysteme in Innenräumen oder Gewächshäusern erörtert, um Ihnen zu helfen, die richtige Lichtmenge für ein optimales Wachstum Ihrer Pflanzen zu gewährleisten. Denn ohne Licht werden Ihre Pflanzen nicht gut wachsen. Die Wahl der richtigen Innenbeleuchtung für Ihre Pflanzen kann eine Herausforderung sein, da es viele Möglichkeiten gibt, aber um das richtige Wachstumslicht zu wählen. Sie müssen die folgenden Dinge wissen.

Die richtige Lichtmenge

Sowohl Licht als auch Dunkelheit sind für den Wachstumszyklus der Pflanzen unerlässlich. Tagsüber hilft das Sonnenlicht den Pflanzen, durch "Photosynthese" Energie zu erzeugen, während die Pflanzen diese Energie nachts für den Wachstums- und Blühprozess, die "Atmung", abbauen.

Es ist wichtig, dass Ihre Pflanzen sowohl Licht als auch Dunkelheit erhalten. Allerdings benötigen verschiedene Pflanzen unterschiedliche Mengen an Licht. Als Faustregel gilt, dass Gemüse und blühende Pflanzen 12 bis 16 Stunden Sonnenlicht pro Tag benötigen. Da Pflanzen auch Dunkelheit brauchen, müssen Sie ihnen mindestens 8 Stunden Dunkelheit pro Tag geben. Sie müssen Ihre Pflanzen beobachten, um zu wissen, ob sie genug oder zu viel Licht bekommen.

Anzeichen dafür, dass die Pflanzen zu viel Licht bekommen:

- Die Blätter der Pflanzen sehen schlaff oder ausgetrocknet aus und haben eingerollte Blattränder.
- Die gesamte Pflanze sieht schwach aus.
- Die Blätter, die dem Licht am nächsten sind, haben tote braune Flecken.

Anzeichen dafür, dass die Pflanzen nicht genug Licht bekommen:

- Dünner, ungleichmäßiger Wuchs mit hohen, spindeldürren Stängeln.
- Die Pflanze neigt dazu, sich mehr zum Licht hin zu neigen.

Um herauszufinden, wie viel Licht in Ihrem Aquaponiksystem benötigt wird, müssen Sie viel ausprobieren und beobachten. Das Gute an der Aquaponik-Beleuchtung in Innenräumen ist jedoch, dass Sie die Beleuchtung verschieben oder anpassen können, um sie den Bedürfnissen Ihrer Pflanzen anzupassen.

Die richtige Lichtfarbe

Auch die Lichtfarbe ist für das Pflanzenwachstum wichtig. Die Farbe des Lichts für Pflanzen bezieht sich auf die Farbtemperatur des Lichts. Von allen Farben des weißen Lichts nutzen die Pflanzen vor allem die blauen und roten Wellenlängen. Blau regt die Pflanze dazu an, mehr Blätter zu bilden, während Rot zu mehr Blüten und Früchten führt.

Um die Pflanzen dazu zu bringen, mehr Blätter zu bilden, sollten Sie ihnen eine kühle Farbtemperatur von etwa 6500°K geben, da Blattgemüsepflanzen in diesem Bereich am besten wachsen. Wenn Sie blühendes oder fruchttragendes Gemüse wie Tomaten anbauen möchten, geben Sie Ihrer Pflanze eine Farbtemperatur von etwa 2700°K, was im warmen Rotbereich liegt. Sie können Ihre Pflanzen auch mit "warmen" und "kühlen" Glühbirnen beleuchten, indem Sie ein Gehäuse mit mehreren Glühbirnen verwenden, das den Pflanzen sowohl rote als auch blaue Farbtemperaturen bietet.

Beleuchtungsoptionen für die Indoor-Aquaponik

Es gibt verschiedene Arten von Wachstumslampen, jede mit ihren eigenen Stärken und Eigenschaften. Die meisten Aquaponik-Gärtner sind jedoch auf der Suche nach einer Beleuchtung mit vollem Tageslichtspektrum, die energieeffizient und kostengünstig ist und sich für den Anbau einer Vielzahl von Pflanzen eignet. Basierend auf diesen Faktoren ist hier unsere Liste der Tageslicht-Spektrum-Beleuchtungsoptionen, die für aquaponische Systeme verfügbar sind.

T5-Leuchtstoffröhre

T5-Leuchtstoffröhren eignen sich hervorragend für die Anzucht von Samen und die Beleuchtung rechteckiger Beete. T5-Leuchtstoffröhren gibt es in zwei Versionen: High Efficiency (HE - Version mit geringerer Leistung) und High Output (HO - hohe Leistung, aber geringere Effizienz). Wählen Sie die Version mit hohem Wirkungsgrad, weil sie Energie spart und mehr Licht spendet. T5-Leuchtstofflampen haben eine geringe Wärmestrahlung. So können Sie Ihre Lampen näher an den Pflanzen platzieren, was T5-Leuchtmittel ideal für niedrige Decken macht.

Kompakt-Leuchtstofflampen (CFL)

Kompaktleuchtstofflampen sind die neuere Form der Leuchtstofflampen und in vielen Wattstärken erhältlich. CFL-Leuchtmittel sind eine billigere Beleuchtungsoption für kleine aquaponische Gärten. Sie haben eine geringe Wärmeentwicklung und erzeugen ein angemessenes Lichtspektrum für die Pflanzenzucht. CFL sollten nur als zusätzliche Beleuchtung für Ihr Indoorsystem verwendet werden, wenn Sie jeden Tag zumindest etwas Sonne abbekommen können. Achten Sie beim Kauf von CFL auf Glühbirnen, die als Wachstumslicht gekennzeichnet sind.

High-Density Discharge (HID)

High-Density Discharge ist eine weitere Art der Innenbeleuchtung, die heller und intensiver ist als andere Beleuchtungsarten. Das HID-System besteht aus einer Fassung, einer Lampe oder Glühbirne, einem Vorschaltgerät und einem Reflektor. Das HID-Licht hat eine unregelmäßige Form und wird oft in Verbindung mit einem Reflektor verwendet, der das Licht auf die Pflanze lenkt.

HID-Zuchtlampen sind effizienter als Leuchtstofflampen und eine viel bessere Wahl für größere und lichtintensivere Innenräume. HID-Lampen haben eine hohe Lichtausbeute und werden häufig von kommerziellen Züchtern verwendet.

Licht emittierende Dioden (LED)

Lichtemittierende Dioden sind heute die besten auf dem Markt, aber sie sind im Vergleich zu den anderen Growlampen teuer. Der Grund dafür ist, dass die LED einen deutlichen Vorteil gegenüber den anderen Growlampen bietet. Diese sind:

- Keine Hitze - Sie können das Licht näher an Ihre Pflanzen bringen, ohne die Blätter zu verbrennen.
- LED-Zuchtlampen geben nur Licht ab, das für die Pflanzen nutzbar ist.
- Energieeffizient
- Lange Lebensdauer

Bei der Verwendung von LED ist es nicht notwendig, Vorschaltgeräte, Reflektoren oder Zwischenkabel zu verwenden, da sich die gesamte Elektronik im Gerät befindet. LED-Zuchtlampen können in engen Räumen eingesetzt werden und arbeiten mit einer niedrigeren Temperatur, so dass Sie die Temperatur in Ihrem Zuchtraum leicht kontrollieren können.

Ein Nachteil von LED-Licht ist, dass es teuer ist, aber wenn Sie in ein langlebiges, effizientes Growlicht investieren wollen, sind LED-Lichter eine hervorragende Wahl.

Platzierung der Growlampen

Das Aufhängen oder Aufstellen der Growlampen über den Pflanzenbeeten ist die beste Platzierung für Growlampen, da sie das natürliche Sonnenlicht von oben imitieren und alle Seiten und Blätter der Pflanzen dem künstlichen Licht aussetzen.

Berücksichtigen Sie bei der Aufhängung Ihrer Growlampen immer die Art der Pflanze und wie hoch sie wachsen kann.

Halten Sie das Licht so nah wie möglich an der Pflanze, aber nicht so nah, dass es die Pflanze verbrennt.

Wasserfilterung in der Aquaponik

Die Wasserfiltration in einem Aquaponiksystem ist für die Gesunderhaltung der Fische und anderer Wasserlebewesen unerlässlich. Da es sich um eine symbiotische Beziehung handelt, möchte der Züchter zwei Fliegen mit einer Klappe schlagen. Kurz gesagt, eine gute Wasserqualität sorgt nicht nur dafür, dass Ihre Fische gesund bleiben und gedeihen, sondern verbessert auch das Wachstum und den Ertrag Ihres Gemüses. Um Ihre Ziele zu erreichen, benötigen Sie ein gutes Filtersystem.

Mechanische und biologische Filterung

Da Sie eine gute Wasserqualität für Ihre Pflanzen und Wassertiere benötigen, muss das Wasser frei von chemischen Verunreinigungen sein. Schwermetalle wie Blei, Quecksilber und Arsen sollten sich niemals im Wasser befinden, da sie eine Gefahr für die Tier- und Pflanzenwelt darstellen. Das Wasser sollte nicht nur kristallklar, sondern auch sauber und ohne Verunreinigungen sein, damit sowohl Wasserlebewesen als auch Pflanzen gedeihen können.

Chemische Filtersysteme wandeln Ammoniak in Nitrat um, das eine akzeptable Form ist, da es den Pflanzen Nährstoffe liefert. In der Aquakultur können Sie die Menge an Ammoniak, Nitrit und Nitrat in Ihrem Becken/Teich durch regelmäßige Wasserwechsel reduzieren. Glücklicherweise können Sie mit Aquaponik Wasser sparen, da Sie keine häufigen Wasserwechsel benötigen, da sich Ihre Pflanzen von dem Nitrat im Wasser ernähren.

Bei der mechanischen Filtration werden feste Abfälle wie Fäkalien und nicht gefressenes Fischfutter durch eine Reihe von Filtermedien entfernt. Es gibt viele Filtermedien, die die Abfälle auffangen, um das Wasser klar zu halten. Manche Leute verwenden selbstgebaute Filtermedien, um Geld zu sparen, während andere vorgefertigte Filtermedien verwenden, um Zeit und Mühe zu sparen.

In jedem Fall kommt es auf das richtige Verständnis der Filtersysteme, die korrekte Einrichtung und die regelmäßige Inspektion und Wartung an. Einige Filtermedien wie Aktivkohle fangen Verunreinigungen und Schadstoffe wie Blei, Chloramin und andere Wasserschadstoffe ab. Wenn Sie private Brunnen für Ihre Aquaponik verwenden, müssen Sie das Wasser auf Verunreinigungen testen. Sie müssen auch Aktivkohle in Ihrem Filtersystem verwenden, um die Schadstoffe aufzufangen, bevor sie in Ihren Tank/Teich gelangen. Nicht alle Aquaponik-Filtersysteme verfügen jedoch über Aktivkohle, da Sie diese nicht benötigen, wenn Sie eine zuverlässige Wasserquelle haben.

Wirbelfilter sind effizient bei der Abscheidung von Feststoffen wie Fischkot und Futter, damit sie nicht in die nächsten Filterkammern gelangen. Ein Wirbelfilter verfügt in der Regel über einen Absperrschieber, um die gesammelten Verunreinigungen am Boden zu entladen oder freizugeben. Nach dem Spülen haben Sie die Abfälle in Ihrem Aquaponiksystem durch einfache Filtration erfolgreich reduziert. Ein Floßwasserfilter ist ein mehrschichtiges Filtersystem, das dafür ausgelegt ist, Reste von Fischfutter und den Kot von Wasserlebewesen aufzufangen, wenn das Wasser in die Filterkammern eintritt. Die gesammelten Rückstände im

Floßwasserfilter müssen dann entsorgt werden, um gute Wasserparameter zu erhalten.

Einlasswasserfilter filtern das Wasser, das durch Ihr Wasserbecken läuft, um Ihr System sauber und klar zu halten. Das Wasser muss nicht trüb sein, um verunreinigt zu sein. In den meisten Fällen sind die gefährlichsten Schadstoffe diejenigen, die wir mit unseren Augen nicht sehen können. Eine Wasserfilteranlage fängt Verunreinigungen auf und verhindert, dass sie unseren Tieren und Pflanzen gesundheitliche Probleme bereiten. Die meisten dieser Filtersysteme sind einfach zu installieren und erfordern keine technischen Kenntnisse. Leider werden sie wegen der im Teich/Tank verwendeten Filter oft übersehen. Wenn Sie planen, einen Aquaponikanlagen anzulegen, sollten Sie nicht vergessen, in ein hochwertiges Wasserfiltersystem zu investieren, um Ihren Betrieb und sich selbst zu schützen.

Die Bedeutung der Filtration in der Aquaponik

Wie bereits erwähnt, ist Aquaponik eine Kombination aus Aquakultur und Hydroponik, bei der sich Wasserlebewesen und Pflanzen gegenseitig unterstützen müssen, um zu gedeihen. Wie bei jedem lebenden Organismus müssen sowohl die Wasserlebewesen als auch die Pflanzen zunächst eine saubere Umgebung vorfinden, um gesund zu sein.

Nur in einer sauberen Umgebung kann man beide erfolgreich züchten. Egal, was Sie Ihren Wasserlebewesen füttern, sie werden irgendwann krank, weil sie an einem schrecklichen Ort leben. Sowohl die mechanische als auch die biologische/chemische Filterung sind entscheidend für den

Erfolg Ihrer Aquaponik. Da mechanische Filter die größeren Verunreinigungen auffangen und verhindern, dass sie in den Teich zurückkehren, ist es wichtig, dass Sie Ihre Filtermedien reinigen, um diese Feststoffe zu entfernen.

Ein Filtersystem dient nicht nur der Gesundheit und dem Wohlbefinden Ihrer Fische und anderer Wasserlebewesen, sondern verhindert auch, dass Schadstoffe in das Nahrungsangebot Ihrer Pflanzen gelangen. Filter verhindern die Auslösung verschiedener Krankheiten, weil sie die Wasserparameter in Schach halten. In den meisten Fällen werden Fische und Pflanzen krank, weil ihr Immunsystem aufgrund der schlechten Wasserqualität geschwächt ist.

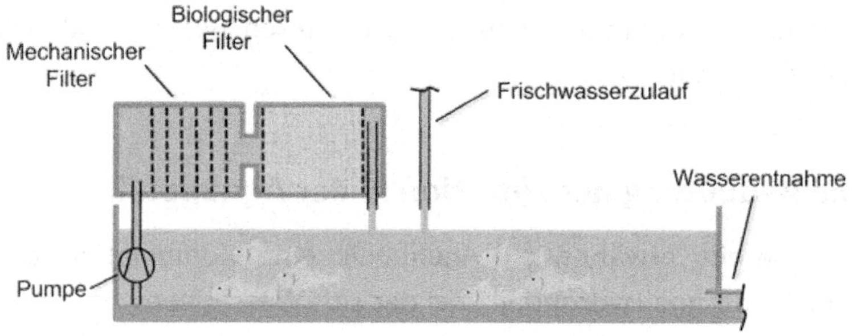

Was ist Biofiltration?

Biofiltration ist der Prozess der Umwandlung von Ammoniak und Nitrit in Nitrate durch die nützlichen Bakterien. Ammoniak und Nitrite sind für die Aquaponik giftig, selbst in geringen Konzentrationen. Die Pflanzen benötigen die Nitrate jedoch zum Wachsen, weshalb ein Biofilter installiert werden muss, der die meisten lebenden Bakterien beherbergt. Die Wasserbewegung in einem Biofilter zersetzt die sehr feinen

Feststoffe, die nicht vom Klärbecken aufgefangen werden, und verhindert so, dass sich Abfallstoffe auf den Pflanzenwurzeln im NFT-Aquaponiksystem ansammeln. Eine gute Biofiltration ist auch für die chemische Stabilität Ihres Aquaponiksystems unerlässlich. Separate Biofilter sind für das medienbasierte Aquaponiksystem nicht erforderlich, da die Anzuchtbeete selbst perfekte Biofilter sind.

Warum brauchen Sie einen Biofilter?

Wenn in der Aquaponik die Oberfläche des Nährbodens nicht ausreicht, damit sich die Bakterien ansiedeln können, müssen Sie mehr Oberfläche hinzufügen. Aus diesem Grund brauchen Sie einen Biofilter. Der Biofilter ist ein wichtiger Bestandteil Ihres Systems, da er dafür sorgt, dass die Pflanzen genügend Nährstoffe für ein gesundes Wachstum erhalten, während er gleichzeitig das Wasser für das Leben der Fische reinigt.

Ihr gesamtes Aquaponiksystem ist ein Biofilter. Wenn Sie jedoch das Tiefenwasser- oder NFT-Aquaponickystem für den Anbau Ihrer Pflanzen verwenden, benötigen Sie einen Biofilter. Bei diesen Arten von Aquaponik-Systemen können Sie sich nicht auf den natürlichen Prozess der bakteriellen Umwandlung verlassen, da es an ausreichender Oberfläche fehlt. Ein medienbasiertes oder Floß-Aquaponiksystem benötigt in der Regel keinen separaten Biofilter, da das Floß, die Nährböden (Blähton, Kies oder Lavagestein), die Beckenwände und andere Oberflächenbereiche genügend Fläche für die Bakterien bieten, um sich anzusiedeln.

Vorteile der Verwendung von Biofiltern

- Er bietet eine größere Oberfläche für die nützlichen Bakterien und hilft bei der Umwandlung von Ammoniak und Nitriten in Nitrate.
- Der Biofilter unterstützt die Belüftung und den Nitrifikationsprozess in NFT-, Tiefenwasser und vertikalen Aquaponiksystemen.
- Hilft bei der chemischen Stabilität Ihres Aquaponiksystems.
- Sehr preiswert und einfach zu bauen.
- Sehr einfach zu bedienen und sehr wartungsarm.

Wichtige Faktoren, die vor dem Einsatz von Biofiltern zu beachten sind

Bevor Sie sich für den Einsatz eines Biofilters in Ihrem Aquaponik-System entscheiden, müssen Sie die folgenden Punkte beachten.

Entfernen Sie zuerst die Feststoffe

Biofilter sind nicht für große feste Fischabfälle geeignet. Feststoffe müssen ausgesiebt werden, da sie möglicherweise die Rohre verstopfen. Wenn sich diese Feststoffe in Ihrem Biofilter ansammeln, entstehen Bereiche, die als aerobe Zonen bekannt sind, die Bakterien anziehen und die Oberfläche Ihres Biofilters verringern. Dadurch verringert sich die Effizienz Ihres Biofilters, was zu einem hohen Ammoniakgehalt führt, der für Fische und Pflanzen ungeeignet ist. Deshalb ist es wichtig, dass Sie einen Standardfilter hinzufügen, der die Feststoffe entfernt.

Bakterien brauchen Luft

In einem aquaponischen System sind die Bakterien der Luft

ausgesetzt. Wenn Sie einen Biofilter in Ihr Aquaponiksystem einbauen, werden die Bakterien im Filter eingeschlossen. Sie müssen also dafür sorgen, dass Ihr Filter über eine ausreichende Luftzufuhr verfügt, damit die Bakterien nicht unter Luftmangel leiden.

Fischdichte

Wenn Sie eine geringe Fischdichte haben, brauchen Sie keinen Biofilter. Geringe Mengen an Fischen produzieren nicht genug Abfall, um den Einsatz eines Biofilters zu rechtfertigen. Die Wurzeln der Pflanzen bieten den Bakterien genügend Oberfläche, um Ammoniak in Nitrate umzuwandeln.

PROBLEMURSACHEN IN DER AQUAPONIK INKLUSIVE BEHEBUNGSMÖGLICHKEITEN

Probleme sind in jedem Aquaponiksystem unvermeidlich und wenn Sie diese Probleme nicht lösen, könnten Sie die Pflanzen und Fische verlieren, die Sie wochenlang gehegt und gepflegt haben. Dies könnte auch das enttäuschende Gefühl hinterlassen, die Zeit, die Bemühungen und das Geld, das in die Einrichtung eines Aquaponiksystems investiert wurde, zu verlieren. Deshalb ist es wichtig, die gängigsten Aquaponikprobleme zu kennen und zu wissen, wie man mit ihnen umgeht.

Je nach den Problemen, auf die ein Züchter in der Aquaponik stoßen kann, gibt es sicherlich verschiedene Lösungen. Einige Probleme können recht einfach zu lösen sein, während andere komplexer sind. Lassen Sie uns eintauchen und diese Probleme diskutieren, mit denen andere in ihrem Aquaponiksystem konfrontiert wurden.

Pflanzensterben

Es kann viele Gründe dafür geben, dass die Pflanzen in Ihrem Aquaponiksystem absterben, unter anderem:

Zu wenig Wasser und Sauerstoff

Sie müssen sicherstellen, dass Ihre Pflanzen ausreichend Wasser und Sauerstoff erhalten. Dazu müssen Sie die Wurzeln überprüfen, um zu sehen, ob sie gesund sind.

pH-Werte

Pflanzen, Fische und Bakterien sind die drei wichtigsten Elemente, die bei der Überprüfung des pH-Werts Ihres Systems berücksichtigt werden müssen. Jedes dieser Elemente bevorzugt einen etwas anderen pH-Bereich, daher ist es wichtig, dass Ihr System im idealen pH-Bereich bleibt. Fische und Bakterien bevorzugen eine leicht alkalische Umgebung, während Pflanzen eine eher saure Umgebung bevorzugen. Daher liegt der ideale Bereich für die meisten Aquaponiksysteme bei einem pH-Wert von 6,5 bis 7,0.

Ungeziefer/Schädlinge

Ungeziefer kann Ihre Pflanzen schädigen oder töten, daher sollten Sie die Blätter Ihrer Pflanzen auf Anzeichen von Schädlingen untersuchen.

Eisengehalt

Sie müssen auch überprüfen, ob Ihr Wasser genügend Mineralien, insbesondere Eisen, enthält. Sie können Ihr Aquaponiksystem mit chelatiertem Eisen ergänzen, um Ihre Pflanzen gesund zu halten.

Zu viele Fische im Becken

Zu viele Fische überfüllen Ihr Aquarium und machen Ihr System weniger effizient. Es ist ratsam, das Aquarium nicht zu voll zu machen und die Besatzdichte niedrig zu halten, wenn Sie Ihr System starten. Mit einer niedrigen Besatzdichte können Sie Ihr Aquaponiksystem leicht verwalten und einen Schock und Zusammenbruch vermeiden.

Zu viele Fische setzen jede Menge Fischabfälle frei, die mehr sind, als die Pflanzen filtern können. Eine gute Faustregel ist, einen Fisch pro acht Gallonen Wasser zu halten. Außerdem haben Sie immer die Möglichkeit, später Fische hinzuzufügen, wenn Sie sehen, dass Ihr System mehr Fische braucht. Es ist also eine Verschwendung, einen zu großen Fischbestand zu haben und sie durch den Tod zu verlieren oder sie herausnehmen zu müssen.

Schädlingsprobleme

Wie bei jeder Anbaumethode können auch bei der Aquaponik Schädlinge ein Problem darstellen, und es ist wichtig, dass Sie bei der Einrichtung und Wartung Ihres Systems den Einsatz natürlicher Schädlingsbekämpfungsmittel in Betracht ziehen. Die Pflege Ihres Aquaponik-Systems ist eine Möglichkeit, um sicherzustellen, dass die Pflanzen und Fische in Ihrem System sicher und essbar sind.

Die häufigsten Schädlinge in Aquaponikanlagen sind:

- Blattläuse
- Raupen
- Hornwürmer
- Bettwanzen
- Schmierläuse

Es gibt mehrere Möglichkeiten, wie Sie Schädlinge in Ihrem Aquaponiksystem ohne den Einsatz von Chemikalien sicher beseitigen können, und hier sind einige davon:

- Kontrollieren Sie Ihre Pflanzen regelmäßig auf Schädlinge.
- Entfernen Sie sichtbare Schädlinge, die Sie in Ihren Pflanzen finden, von Hand und vernichten Sie die Schädlinge.
- Sie können Mückennetze in Ihrem Aquaponiksystem

verwenden, um eine physische Barriere um die Pflanzen herum zu schaffen, die viele Schädlinge daran hindert, zu Ihren Pflanzen zu gelangen.

- Sie können schädlingsabweisende Pflanzen in Ihrem System anpflanzen, um die Schädlinge zu vertreiben. Sie können diese Pflanzen neben Ihrem Gemüse anpflanzen. Schädlingsabwehrende Pflanzen sind Artemisia, Katzenminze, Dill, Schnittlauch, Chrysanthemen, Petunien und Minze.
- Setzen Sie Nutzinsekten wie Marienkäfer, Florfliegen und Spinnen ein. Dies sind Nützlinge, die bei der Vorbeugung oder Bekämpfung von Schädlingen an Ihren Pflanzen helfen können.

Algenwachstum

Algen können in der Aquaponik ein Problem darstellen, wenn sie außer Kontrolle geraten. Es müssen vorbeugende Maßnahmen ergriffen werden, da Algen, wenn sie nicht richtig behandelt werden, die Ernährung und den pH-Wert Ihres Systems beeinträchtigen können.

Die häufigsten Algen, die in der Aquaponik Probleme verursachen, sind die Grünalgen. Algen können das Wasser in Ihrem Aquaponiksystem trüben, Leitungen und Pumpen verschmutzen und zu Sauerstoffmangel und pH-Schwankungen führen.

Um das Wachstum von Algen in Ihrem System zu verhindern, müssen Sie sicherstellen, dass die Temperatur in Ihrem Aquaponiksystem für die Pflanzen und Fische geeignet ist und dass der Phosphorgehalt nicht zu hoch ist. Die beiden einfachsten Methoden zur Lösung von Algenproblemen in Aquaponikanlagen sind Beschattung und mechanische Filterung.

Beschattung

Beschatten Sie Ihr Aquarium mit einer dunklen Falle oder einem Stück Plastik, um die Algen in Ihrem System zu reduzieren. Algen brauchen Licht, um zu wachsen. Wenn Sie sie also beschatten, verhindern Sie, dass sie wachsen. Einige Aquaponic-Züchter streichen auch ihre weißen Tanks oder Fässer mit schwarzer und dann mit weißer Farbe an, um das Algenwachstum im Inneren des Kunststoffs zu verhindern.

Mechanische Filterung

Dazu gehört die Verwendung von Filtern, Sieben, Wirbel- und Absetzbecken und anderen mechanischen Mitteln zur Entfernung von Algen aus dem System.

Tote Fische

Tote Fische kommen in einem Aquaponiksystem manchmal vor, aber wenn es mehr als einen toten Fisch in Ihrem System gibt, müssen Sie Ihr System überprüfen. Als Erstes müssen Sie den Ammoniakgehalt überprüfen. Zu viel Ammoniak kann Ihre Fische töten, also müssen Sie den Ammoniakgehalt regelmäßig überprüfen. Wenn das Problem jedoch weiterhin besteht, müssen Sie alle Komponenten Ihres Systems überprüfen, um sicherzustellen, dass Ihr Wasser ausreichend mit Sauerstoff angereichert ist.

Wassertemperatur

Verschiedene Fische gedeihen bei unterschiedlichen Temperaturen, daher ist es wichtig, Fischarten auszuwählen, die an Ihrem Standort und in Ihrem Klima gut gedeihen. Ein weiterer wichtiger Punkt ist die Wahl des Standorts für Ihr Aquarium.

Wenn Sie ein Aquaponiksystem für den Außenbereich haben, sollten Sie darauf achten, dass Ihr Aquarium nicht die meiste Zeit des Tages der Sonne ausgesetzt ist. Zu viel Sonne kann das Wasser erwärmen, wodurch der Sauerstoffgehalt im Wasser sinken kann, was den Fischen schaden kann. Es gibt mehrere Tipps zur Überwachung der Wasserqualität Ihres Aquaponiksystems und wenn Sie diese kennen, wird Ihnen die Wartung Ihres Systems sehr erleichtert.

Verunreinigtes Wasser

Die Verwendung von nicht sauberem Wasser stellt in der Aquaponik ein großes Risiko dar. Achten Sie also darauf, dass Sie für Ihr System sauberes Wasser wie Regenwasser oder trinkbares, pH-neutrales Brunnenwasser verwenden. Wenn Ihr Wasser mit Chlor behandelt wurde, muss dieses entfernt werden, bevor es in der Anlage verwendet werden kann. Sie können das Chlor entfernen, indem Sie das zu verwendende Wasser 24 bis 48 Stunden stehen lassen, bevor Sie es verwenden. Das Chlorgas wird sich während der Ruhezeit verflüchtigen und ein sauberes und entchlortes Wasser hinterlassen.

Pflanzennährstoffmangel

Pflanzennährstoffmangel in Ihrem Aquaponiksystem kann das Pflanzenwachstum beeinträchtigen und Ihre Ernte ruinieren. Pflanzenmangel tritt auf, wenn verschiedene Nährstoffe im Wasser oder in den Fischabfällen, mit denen die Pflanzen gefüttert werden, nicht ohne weiteres verfügbar sind.

Es ist wichtig, das Problem zu erkennen und den Nährstoffbedarf der Pflanzen zu bestimmen, um Nährstoffmangelprobleme in Ihrem System zu vermeiden und zu behandeln.

Kaliummangel

Kalium ist für eine gesunde Wurzelentwicklung, Samen- und Fruchtwachstum unerlässlich. Pflanzen mit Kaliummangel zeigen ein bräunliches oder verbranntes Aussehen der Blattspitzen, ein Einrollen der Blattspitzen, ein Vergilben der Blattadern und violette Flecken auf der Unterseite der Blätter.

Schwerer Kaliummangel kann zu Pflanzensterben führen. Sie können Ihr System mit Kalium ergänzen, indem Sie es mit Kaliumchlorid über die Blätter ausbringen oder mit Kaliumhydroxid, Seetangmehlkonzentrat oder Kaliumsulfat eine Kaliumlösung in Ihr System geben.

Eisenmangel

Eisen wird für die Produktion von Chlorophyll und für andere Enzymproduktionsfunktionen benötigt. Anzeichen für Eisenmangel bei Aquaponik-Pflanzen sind Vergilbung der Blätter zwischen den grünen Adern, ein netzartiges Muster auf den Blättern und verkümmertes Pflanzen- und Blattwachstum.

Eisenmangel bei Pflanzen muss behandelt werden, denn er kann dazu führen, dass neues Pflanzenwachstum ausbleibt, die Pflanzen nicht blühen oder keine Früchte tragen und die Pflanzen absterben können. Sie können das Eisen in Ihrem System durch die Verwendung von chelatiertem Eisen ergänzen.

Kalziummangel

Kalzium ist wichtig für das Pflanzenwachstum, die starke Zellwand der Pflanzen, die Produktion von Blüten und Früchten und hilft den Pflanzen, ihre Stärke und Form zu erhalten. Kürbisse, Tomaten und Paprika sind am anfälligsten für Kalziummangel. Das Absterben von jungen Blättern, Blüten und Früchten, Blütenendfäule und deformiertes neues Blattwachstum sind die häufigsten Anzeichen für Kalziummangel.

Kalziummangel in Ihrem Aquaponiksystem erfordert schnelles Handeln, denn er kann Ihre Ernte ruinieren oder zum Absterben der Pflanzen führen. Sie können den Kalziummangel in Ihrem System mit einem Ergänzungsmittel behandeln oder Kalziumchlorid über die Blätter in Ihr System einbringen.

Den aquaponischen Kreislauf starten

Aquaponik ist eine effektive Methode, um mehrere Pflanzen auf kleinerem Raum und mit umweltfreundlicheren Techniken anzubauen. Sobald Sie das System eingerichtet haben, müssen Sie den pH-Wert, die Nitrate, die Temperatur und verschiedene andere Kriterien überwachen. Außerdem müssen Sie Ihre Fische mit normalem Fischfutter oder speziellem Aquaponik-Fischfutter füttern. Das war's!

Ein gut funktionierendes System kümmert sich um sich selbst, die Fischabfälle liefern die Nährstoffe, die die Pflanzen brauchen, und Bakterien wandeln das Ammoniak in Nitrite und dann in Nitrate um, die die Pflanzen mit Nährstoffen versorgen. Das Ergebnis ist, dass die Pflanzen im Allgemeinen schneller wachsen, da Sie die Umgebung, in der sie wachsen, kontrollieren können.

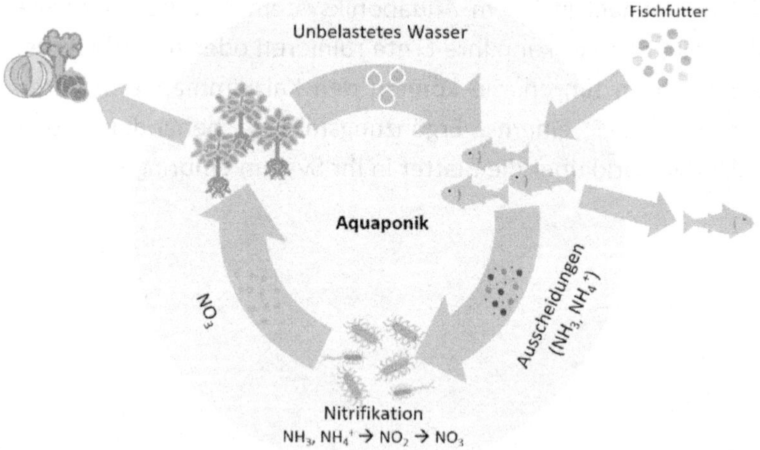

Damit die Aquaponik effizient funktioniert, müssen Sie sie

jedoch richtig einrichten. Dazu gehört die Durchführung von Aquaponik-Zyklen und das regelmäßige Testen des Systems.

Was ist die aquaponische Zyklisierung?

Der Aquaponik-Zyklus ist der Prozess der Umwandlung von Ammoniak in Ihrem System in Nitrite und dann in Nitrate, die Ihre Pflanzen zum Wachstum nutzen.
Das Ammoniak wird von den Fischen produziert, denn es sind ihre Abfallprodukte. Wenn Sie die Fische in ihrem eigenen Wasser belassen, ohne es zu filtern, werden sie getötet und sind für die Pflanzen nicht von Nutzen.

Die Umstellung ist der Prozess, mit dem Sie Ihr System auf die erfolgreiche Einführung von Bakterien vorbereiten, die Ammoniak und Ammonium in Nitrite und dann in Nitrate umwandeln.

Fische produzieren Abfälle, die von Bakterien in Nahrung für Pflanzen umgewandelt werden. Wenn Sie jedoch gleich zu Beginn des Systems Fische und Pflanzen einsetzen, sind keine Bakterien vorhanden, die die Fischabfälle umwandeln. Der Zyklus ist einfach der Prozess, den man bei der Einrichtung eines Aquaponik-Systems durchläuft. Er stellt sicher, dass die notwendigen Bakterien vorhanden sind, damit die Fische und Pflanzen eingeführt werden können und sich gegenseitig ergänzen.

Die Kreislaufführung fördert die Ansiedlung und Vermehrung von Bakterien, die Fischabfälle in Nitrate umwandeln.
Der Aquaponik-Zyklus ist ein wesentlicher Schritt bei der Inbetriebnahme Ihres Systems, um sicherzustellen, dass alle notwendigen Elemente für ein erfolgreiches Pflanzenwachstum vorhanden sind.

Optionen für den Zyklus

Für den Aquaponik-Zyklus gibt es eigentlich zwei Möglichkeiten. Die erste ist die Aquaponikanlage mit Fischen, die zweite ist die Anlage ohne Fische. Beide können gut funktionieren, Sie müssen sich nur für die von Ihnen bevorzugte Variante entscheiden.

Der Aquaponik-Zyklus dauert etwa 4 bis 6 Wochen und Sie sollten eine Wassertemperatur von 20 bis 30 Grad Celsius einhalten. Liegt die Temperatur nicht in diesem Bereich, dauert der Zyklus länger, da sich die Bakterien, die Sie für die Umwandlung von Ammoniak in Nitrate benötigen, nicht so schnell vermehren, wie sie sollten.

Der ideale pH-Wert für die Vermehrung von Nitrosomonas- und Nitrobacter-Bakterien liegt zwischen 7 und 8. Wenn Ihr Wasser außerhalb dieses Bereichs liegt, dauert es länger, bis sich die Bakterien entwickeln. Verwenden Sie niemals Kalk, um den pH-Wert zu erhöhen, da er die Bakterien abtötet.

Zyklisierung mit Fischen

Zunächst müssen Sie Ihr System einrichten, d. h. Sie brauchen ein Becken für Ihre Fische, Verbindungen zu Ihrem Aufzuchtbeet, das Nährmedium, eine Pumpe und die Temperatur und den pH-Wert, die für die von Ihnen gewählte Fischart geeignet sein müssen.
Wenn das alles erledigt ist, können Sie die Fische in Ihr Wasser einsetzen. Es wird im Allgemeinen empfohlen, in dieser Phase nur wenige Fische einzusetzen, um Verluste zu minimieren, falls etwas schief geht. Goldfische werden bevorzugt, da sie sehr

robust sind.

In diesem Stadium können Sie, wenn Sie möchten, einen Bakterienstarter hinzufügen. Dabei handelt es sich im Grunde um die Zugabe der Bakterien, die Sie für Ihr System benötigen, um die Ansiedlung und Vermehrung der Bakterien zu fördern. Wenn Sie keinen Bakterienstarter verwenden, werden sich die Bakterien trotzdem ansammeln und vermehren, es kann nur ein paar Tage länger dauern.

Sie können auch vorhandenes Filtermaterial aus einem bereits bestehenden Teich nehmen, um das Bakterienwachstum anzukurbeln. Achten Sie darauf, dass der Teich frei von Parasiten ist.

Sobald die Fische drin sind, müssen Sie das Wasser täglich testen. Der Ammoniakwert muss unter 2,0 ppm bleiben, gleichzeitig muss der Nitritwert unter 1,0 ppm bleiben. Wenn die Ammoniakwerte zu hoch oder die Nitrite zu niedrig werden, geraten die Fische in Stress und können sterben.

Wenn der Ammoniakwert zu irgendeinem Zeitpunkt über den für Ihre Fische zulässigen Wert ansteigt, stellen Sie die Fütterung ein und füttern Sie erst, wenn der Ammoniakwert wieder niedrig ist. Es heißt also, dass Ecoli ein Risiko bei Aquaponik darstellt. Das Risiko ist jedoch sehr begrenzt.

Zyklisierung ohne Fische

Es besteht kein Zweifel, dass die Aquaponik-Zyklen für Sie und die Fische anstrengend sind. Deshalb gibt es eine Alternative: die aquaponische Zyklisierung ohne Fische. Auch hier muss Ihr System eingerichtet und bereit für Fische und Pflanzen sein.

Dieses Mal fügen Sie jedoch einen Bakterienstarter hinzu, um den Bakterien den Start zu erleichtern. Außerdem müssen Sie Ammoniak zugeben, bis die Tests einen Wert von 4,0 ppm ergeben. Sie können Ammoniak in Pulverform oder in flüssiger Form kaufen und beides kann in Ihrem aquaponischen Kreislauf verwendet werden.

Sie müssen nun täglich Tests durchführen, um sicherzustellen, dass die Ammoniakwerte um 4,0 ppm bleiben. Sie sollten immer testen, bevor Sie mehr Ammoniak hinzufügen, und zwar im Abstand von 24 Stunden. Wenn der Ammoniakwert auf 0,5 ppm gesunken ist und sich Nitrite im Wasser nachweisen lassen, hat der Kreislaufprozess begonnen und Sie können die Ammoniakzugabe einstellen.

Es gibt verschiedene Möglichkeiten, Ammoniak in Ihr System einzubringen:

Flüssiges Ammoniak

Wenn Sie flüssiges Ammoniak verwenden wollen, muss es rein sein, d. h. 5-10 % Ammoniak und die einzige andere Zutat sollte Wasser sein. Jedes andere Produkt bedeutet, dass Sie andere Chemikalien in Ihr System einbringen, die für die Pflanzen oder die Fische schädlich sein könnten.

Kristallisiertes Ammoniak

Dies ist praktisch dasselbe wie flüssiges Ammoniak, aber viel leichter zu finden. Sie können es in praktisch jedem Aquariengeschäft oder sogar in einem Fotogeschäft kaufen.

Urin

Ja, Ihr Urin ist eine wirksame Quelle für Ammoniak, genau wie jeder tierische Urin. Der Hauptgrund für die Verwendung von menschlichem Urin ist, dass er am einfachsten zu fangen ist.
Sie sollten jedoch beachten, dass menschlicher Urin etwa 3 Wochen lang in einer verschlossenen Flasche aufbewahrt werden muss, damit sich der Urin in Ammoniak umwandeln kann, bevor Sie ihn Ihrem System zuführen. Wenn Sie den Urin zugeben, bevor er sich in Ammoniak umgewandelt hat, können Sie nicht nachverfolgen, wie viel Ammoniak in das System gelangt, und die Werte werden wahrscheinlich plötzlich und explosionsartig ansteigen. Das Ammoniak ist der starke Geruch, den man beim Pinkeln riecht.

Tote Fische

Dies ist nicht wirklich die ideale Lösung, da tote Fische nicht nur den Ammoniakgehalt erhöhen, sondern auch Bakterien und andere chemische Verbindungen in das System eindringen lassen und außerdem Fliegen anlocken können. Der Ammoniakgehalt lässt sich nicht so leicht kontrollieren, und Sie müssen sich tote Fische besorgen.
Wenn Sie einen toten Fisch in Ihrem Becken haben, der unbemerkt bleibt, fängt er an zu verwesen und erhöht den Ammoniakgehalt, aber er bringt auch eine Reihe von Bakterien mit, die Sie nicht haben wollen.

Die gute Nachricht ist, dass Sie mit der fischlosen Zyklusplanung die Zeit verkürzen können, die Sie benötigen, um Ihr System bereit zu machen. Es sollte 2 bis 3 Wochen dauern, statt 4 bis 6 Wochen mit Fischen. Das liegt daran, dass Sie die Ammoniakmenge, die Sie in das System einbringen, erhöhen können, um das Bakterienwachstum zu fördern, ohne dass Sie befürchten müssen, Ihre Fische zu töten.

Eine Umstellung ohne Fische bedeutet auch, dass Sie Ihr System sofort mit so vielen Fischen besetzen können, wie Sie wollen. Bei einer Umstellung mit Fischen müssen Sie den Fischbestand normalerweise schrittweise erhöhen.
Jetzt können Sie Ihre Fische in Ihr Aquaponiksystem einsetzen. Auch hier gilt: Füttern Sie 24 Stunden lang nicht.

Denken Sie daran, dass die Zugabe von Ammoniak in Ordnung ist, aber aufhören sollte, sobald Sie die Fische einsetzen; es wird nur eine Ammoniakquelle benötigt, und die können die Fische liefern.

Nitrit-Spitze

Die Nitritspitze ist eine häufige Nutzung bei der Umstellung eines Systems. Nachdem das Ammoniak verschwunden ist, wird es von den Bakterien in Nitrit umgewandelt. Nitrit kann giftiger sein als Ammoniak. Die Bakterien, die das Nitrit in Nitrat umwandeln, brauchen länger, um sich zu etablieren, als die Bakterien, die Ammoniak in Nitrit umwandeln. Sie können nur dann Fische ins Wasser geben, wenn der Nitritwert gleich Null ist. Wenn Sie Fische einsetzen, wenn der Nitritwert über 1 ppm liegt, können Ihre Fische sterben.

Die Durchführung des Aquaponik-Zyklus ist wichtig, um die

richtige Umgebung für Ihre Fische, Pflanzen und sogar Ihre nitrifizierenden Bakterien zu schaffen. Es kann frustrierend sein, 4 bis 6 Wochen zu warten, bevor man mit der Bepflanzung beginnen kann, aber es ist ein wesentlicher Teil des Einrichtungsprozesses.
Mit einem gut eingerichteten System werden nicht nur Ihre Fische glücklicher sein, sondern auch Ihre Pflanzen werden wahrscheinlich stärker sein, schneller wachsen und möglicherweise besser schmecken.

Die gute Nachricht ist, dass der Aquaponik-Zyklus nur einmal durchgeführt werden muss. Nachdem Sie die Bakterien etabliert haben, können Sie die Pflanzen und sogar die Fische austauschen, während Ihr Aquaponiksystem im Gleichgewicht und einsatzbereit bleibt.

Die Bakterien senken auf natürliche Weise den pH-Wert Ihres Aquaponiksystems. Wenn Sie feststellen, dass der pH-Wert in Ihrem Aquaponiksystem ansteigt, könnte dies ein Zeichen für eine abnehmende Bakterienkolonie sein. Eine der häufigsten Ursachen für das Absterben von Bakterien ist die Verstopfung der Zuchtbetten mit Fischresten. Überprüfen Sie Ihre Zuchtbetten auf festsitzende Feststoffe, wenn Ihr pH-Wert zu steigen beginnt.

Wartungscheckliste für Aquaponiksysteme

Sie haben sich ursprünglich für die Aquaponik entschieden, weil es eine Fülle von nachhaltigen Vorteilen bietet. Jetzt, wo das System in Betrieb ist, stellen Sie jedoch fest, dass Ihre Anlage bereits von etwas Pflege profitieren könnte. Ob Sie nun ein kommerzieller Betreiber oder ein Hobbygärtner sind, die Grundsätze für die Wartung Ihrer Aquakulturumgebung sind im Wesentlichen dieselben. Unabhängig von Ihrem Zweck ist das Führen einer täglichen, wöchentlichen und monatlichen Wartungscheckliste unerlässlich, um ein gesundes und ertragreiches Ökosystem zu erhalten.

Was ist eine Wartungscheckliste?

Eine Checkliste für die tägliche, wöchentliche und monatliche Wartung des aquaponischen Systems kann als Leitfaden für die routinemäßige Pflege und Wartung Ihres Systems dienen und auch den Mitarbeitern (bei kommerziellen Anbauern) einen einfachen Zeitplan an die Hand geben, den sie bei Bedarf befolgen können.

Themen wie die Vorbeugung von Fischkrankheiten und die Überwachung des pH-Werts im Wasser sind für die Aufrechterhaltung eines gesunden Ökosystems von entscheidender Bedeutung und eine Checkliste sorgt dafür, dass Sie sich auf die Bereiche Ihrer Anlage konzentrieren können, die besondere Sorgfalt erfordern.

Das Führen einer Wartungscheckliste ist vor allem dann wichtig, wenn Sie mehrere Leute haben, die Ihr System überwachen. Auf diese Weise weiß jeder Mitarbeiter oder Familienmitglied (im privaten Bereich), was er zu tun hat und eben jenes Führen einer Checkliste minimiert Fehler und Nachlässigkeit.

Tägliche Checkliste

1.Fischfütterung

Ich empfehle immer, die Fische nach Möglichkeit 2 bis 3 Mal am Tag zu füttern. Stellen Sie nach 15 Minuten fest, ob die Fische das gesamte Futter gefressen haben. Ist dies nicht der Fall, entsorgen Sie die Futterreste im Becken und passen Sie die Mengen in Zukunft an, um die Verschwendung zu minimieren.
Das Verhalten und Aussehen der Fische während der Fütterung beobachten
Die perfekte Zeit, um das Verhalten der Fische zu beobachten, ist die Fütterungszeit. Beurteilen Sie die Fische vor und nach der Fütterung, damit Sie feststellen können, ob sie Symptome von Krankheiten oder Stress zeigen.

2.Undichte Stellen ausmachen

Wenn Sie feststellen, dass der Wasserfluss durch Ihr Aquaponiksystem alarmierend niedrig ist oder Sie eine Wasserlache am Boden Ihrer Anlage sehen, kann es sein, dass irgendwo in den Tanks oder Rohren ein Leck vorhanden ist. Wenn dies nicht behoben wird, kann es zu Problemen mit dem Wasserabfluss kommen, was letztlich dazu führt, dass sowohl die Pflanzen als auch die Fische nicht ausreichend mit

Nährstoffen versorgt werden.
Reparieren Sie in diesem Fall sofort die Löcher oder Lecks und füllen Sie das Wasser nach.

3.Prüfen ob Luft- und Wasserpumpen ordnungsgemäß funktionieren

Es gibt hauptsächlich zwei Gründe, warum Wasser- und Luftpumpen ausfallen. Entweder mangelt es an Strom oder die Pumpen sind defekt. In beiden Fällen sollten Sie das Problem sofort beheben, denn ohne die Pumpen sinkt der Gehalt an gelöstem Sauerstoff.
Wenn Ihre Pumpen defekt sind, sollten Sie sie so schnell wie möglich austauschen. Erwägen Sie auch die Installation von Notstromaggregaten oder Generatoren für Notfälle.

4.Prüfen der Wasserzirkulation im System

Eine ordnungsgemäße Wasserzirkulation ist entscheidend für eine ausreichende Belüftung. Wenn es in Ihrem System Hindernisse gibt, sollten Sie diese so schnell wie möglich beseitigen.

Wöchentliche Checkliste

1.Prüfen der Wasserqualität

Testen Sie wöchentlich den pH-Wert, Nitrit und Nitrat (ja, das sind unterschiedliche Werte) und Ammoniak, bevor Sie Ihre Fische füttern. Wenn es ein Problem mit dem Wasser gibt, kann dies zu Stress, Krankheiten und sogar zu einer hohen Sterblichkeitsrate bei Ihren Fischen führen.

2.Den pH-Wert bei Bedarf anpassen

Der pH-Wert des Wassers schwankt in der Regel aufgrund der Umweltbedingungen. Optimal ist es, wenn das Wasser seinen idealen pH-Bereich beibehält, damit die Fische alle verfügbaren Nährstoffe aufnehmen können.

3.Fische entnehmen, wenn nötig

In einem Aquaponiksystem ist es von entscheidender Bedeutung, dass die Züchter eine ausgewogene Besatzdichte an Fischen einhalten. Daher ist es wichtig, bei Bedarf zu ernten, um dieses Gleichgewicht zu erhalten.
Um das Gleichgewicht Ihres Systems aufrechtzuerhalten, müssen Sie natürlich nach der Ernte neue Pflanzen anbauen.

4.Prüfen ob Pflanzenmängel vorliegen

Einige der Anzeichen für Pflanzenmangel können darin bestehen, dass Gemüse nicht wächst oder seine Blätter ihre Farbe verändern. Wenn dies der Fall ist, fehlt es den Pflanzen möglicherweise an lebenswichtigen Nährstoffen. Wir empfehlen, in diesem Fall die Wasserqualität zu überprüfen, um festzustellen, ob sie ideal für das Pflanzenwachstum ist.

Monatliche Checkliste

1.Fischvorrat auffüllen

Wie bereits erwähnt, ist das Auffüllen des Fischbestands für die Aufrechterhaltung des Gleichgewichts in Ihrem System von entscheidender Bedeutung. Es sollte eine Symmetrie zwischen der Besatzdichte Ihrer Fische und der Anzahl der Pflanzen bestehen, die aktiv im System angebaut werden.

2.Fische auf Krankheiten untersuchen

Auch mit vorbeugenden Maßnahmen können in einem Aquaponiksystem manchmal Krankheiten auftreten. Wir empfehlen daher, monatlich eine Probe Ihrer Fische zu untersuchen, um frühe Krankheitssymptome zu erkennen und eine Ausbreitung auf andere Bestände zu verhindern.

3.Reinigung aller Filter, Klärbecken und Biofilter

Um Verstopfungen zu vermeiden, sollten Sie eine monatliche Reinigung Ihrer Filter, Klärbecken und Biofilter durchführen. Wenn etwas die Rohre Ihres Systems verstopft, kann dies zu einer geringen Effizienz Ihrer Filter und einem Anstieg des Ammoniakspiegels im Aquarium führen. Dieses Szenario sollten Sie vermeiden, da Ammoniak für die Fische schädlich sein kann.

HYDROPONIK FÜR EINSTEIGER

In den vergangenen Jahren hat das Interesse der Menschen an der Art und Weise, wie ihre Lebensmittel produziert werden, stark zugenommen. Immer mehr Verbraucher wünschen sich sichere Lebensmittel, die mit nachhaltigen Anbaumethoden erzeugt wurden und frei von Pestizidrückständen sind. Infolgedessen entscheiden sich immer mehr Verbraucher dafür, ihre Lebensmittel selbst anzubauen. Und so einige davon entdecken dafür die Hydrokultur.

Wenn Sie mit dem Gedanken spielen, ein Projekt der Hydroponik in Angriff zu nehmen, sollten Sie zunächst die grundlegenden Konzepte des hydroponischen Pflanzenanbaus kennen lernen. In diesem Ratgeber erfahren Sie mehr über die Grundlagen der Hydrokultur sowie über die Vor- und Nachteile eines Hydrokultursystems.

Herausgeber:
Kleinstadt Fachbuch- und Medienverlag (27. September 2021)
Autor: Levin Keller
Sprache: Deutsch
Taschenbuch: 173 Seiten
ISBN-13: 979-8485547370

HYDRO
PONIK
DAS HANDBUCH
FÜR EINSTEIGER
LEVIN KELLER

Impressum

Verantwortlich für den Inhalt:

Kleinstadt Fachbuch- und Medienverlag
Markus Winter

info@kleinstadtfachbuch.de

Mittelbachstraße 42

D-96052 Bamberg
Druck:

Amazon EU Sarl

Mehr denn je arbeiten Unternehmen auf der ganzen Welt hart daran, ihren ökologischen Fußabdruck zu verkleinern. Und das aus gutem Grund. Jedes Unternehmen, ob groß oder klein, trägt zu den allgemeinen Auswirkungen auf die Umwelt bei. Deshalb ist es für alle, die an die Zukunft unseres Planeten denken, sinnvoll, sowohl im Büro als auch zu Hause umweltfreundliche Praktiken anzuwenden. Daher haben wir uns von Kleinstadt Medien entschieden, keine hochauflösenden Farbfotografien in unsere Printmedien einzufügen.

Made in the USA
Monee, IL
04 November 2026

67384331R00085